阴影小孩

尤利娅的例子

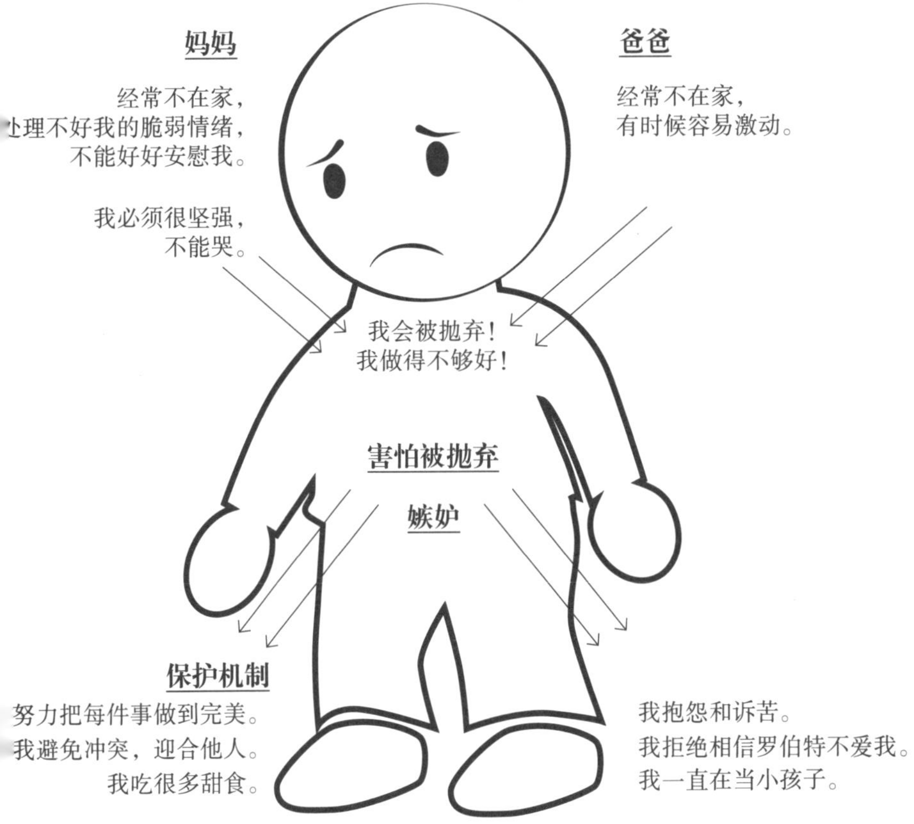

妈妈
经常不在家，
处理不好我的脆弱情绪，
不能好好安慰我。

我必须很坚强，
不能哭。

爸爸
经常不在家，
有时候容易激动。

我会被抛弃！
我做得不够好！

害怕被抛弃

嫉妒

保护机制
努力把每件事做到完美。
我避免冲突，迎合他人。
我吃很多甜食。

我抱怨和诉苦。
我拒绝相信罗伯特不爱我。
我一直在当小孩子。

亲密而独立
如何打造健康持久的亲密关系

[德] 斯蒂芬妮·斯塔尔 著
李怡岚 译

**JEDER
IST
BEZIEHUNGSFÄHIG**

哈尔滨出版社
HARBIN PUBLISHING HOUSE

黑版贸审字 08-2020-122 号

图书在版编目（CIP）数据

亲密而独立：如何打造健康持久的亲密关系 /（德）斯蒂芬妮·斯塔尔著；李怡岚译. — 哈尔滨：哈尔滨出版社，2021.2

ISBN 978-7-5484-5761-9

Ⅰ.①亲… Ⅱ.①斯… ②李… Ⅲ.①心理学 – 通俗读物 Ⅳ.①B84-49

中国版本图书馆CIP数据核字（2020）第234708号

Original title: JEDER IST BEZIEHUNGSFÄHIG: Der goldene Weg zwischen Freiheit und Nähe by Stefanie Stahl
Copyright © 2017 by Kailash Verlag,
a division of Verlagsgruppe Random House GmbH, München, Germany

书　　名：亲密而独立：如何打造健康持久的亲密关系
QINMI ER DULI: RUHE DAZAO JIANKANG CHIJIU DE QINMI GUANXI

作　　者：［德］斯蒂芬妮·斯塔尔　著　李怡岚　译
责任编辑：刘　丹
责任审校：李　战
封面设计：林　丽

出版发行：哈尔滨出版社（Harbin Publishing House）
社　　址：哈尔滨市松北区世坤路738号9号楼　　邮编：150028
经　　销：全国新华书店
印　　刷：北京温林源印刷有限公司
网　　址：www.hrbcbs.com　　www.mifengniao.com
E – mail：hrbcbs@yeah.net
编辑版权热线：（0451）87900271　87900272

开　　本：787mm×1092mm　1/32　印张：7.5　字数：158千字
版　　次：2021年2月第1版
印　　次：2021年2月第1次印刷
书　　号：ISBN 978-7-5484-5761-9
定　　价：48.00元

凡购本社图书发现印装错误，请与本社印制部联系调换。
服务热线：（0451）87900278

献给霍尔格，我的丈夫、爱人和最好的朋友

在刺激和回应之间,人有选择的自由。

——维克多·弗兰克

目录 CONTENTS

Chapter 01 探寻你的亲密关系模式

人人都能拥有幸福的亲密关系 / 002
别拿"爱无能"作为逃避亲密关系的借口 / 005

联结与自主性是理解亲密关系的密码 / 008
既要适应他人,又要坚持自我 / 010
谁会在亲密关系中强势? / 012

你为何会爱 / 不爱一个人? / 015
认识自己内心的小孩 / 016
什么样的人会吸引你? / 017
男性看重自主性,女性看重联结 / 020
"真爱"是如何产生的? / 023
为什么得手后就变冷淡? / 025
爱意消退的其他原因 / 028
你是喜欢单身,还是不得不"喜欢"单身? / 032

亲密关系模式是怎样形成的? / 034
基因让我们的亲密关系模式不一样 / 035

童年印记决定了亲密关系模式 / 036

好父母培养孩子的联结和自主性 / 038

原生家庭可能带来心灵创伤 / 042

重新审视你的童年和你的父母 / 045

找到你的联结和自主模式 / 049

找到你的联结模式 / 050

找到你的自主模式 / 063

认识你的阴影小孩 / 073

阴影小孩是内心小孩的负面部分 / 074

阴影小孩不是真实的你 / 077

借助成年自我，远离阴影小孩 / 079

阴影小孩的保护机制 / 082

外向者和内向者的保护机制 / 085

联结方面的保护机制 / 088

自主性方面的保护机制 / 116

别让孩子成为夫妻关系的地雷 / 143

一方过于自主，一方过于联结 / 145

围绕家庭和社会地位进行的权力博弈 / 148

付出与获取不平衡 / 149

Chapter
02

改善你的亲密关系

强大你的成年自我 / 155

幸福的亲密关系是什么样的？ / 156

感知自己，转换角色 / 160

区分事实和描述 / 167

从纠缠中解脱出来 / 170

讲证据而不是凭直觉 / 171

接纳你的阴影小孩 / 172

应对阴影小孩的日常策略 / 175

发现你的太阳小孩 / 180

从太阳小孩到旁观者视角 / 191

找到你的赏识机制 / 193

通用的赏识机制 / 194

提升自主性的赏识机制 / 201

提升联结的赏识机制 / 216

找到自己的赏识机制 / 228

总结：八步开启良好的亲密关系 / 230

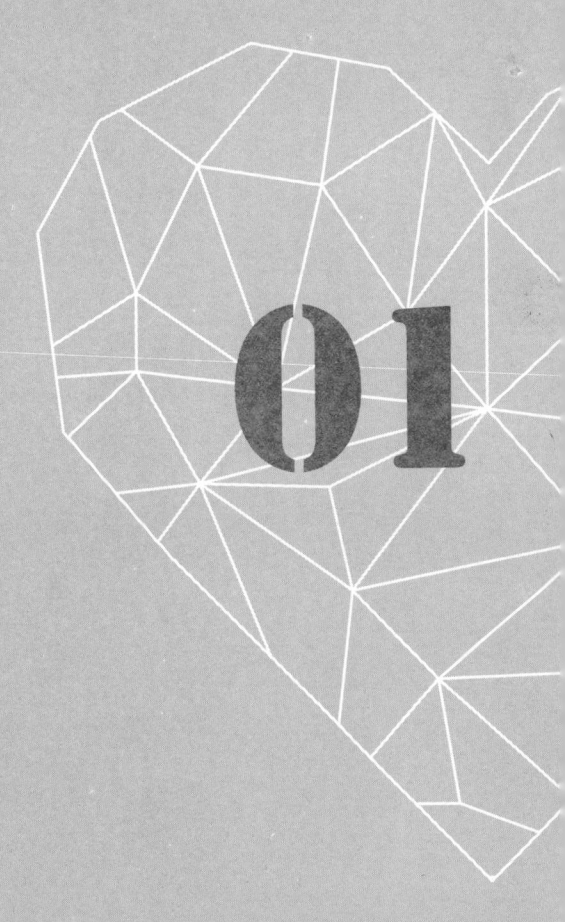

探寻你的亲密关系模式

人人都能拥有幸福的亲密关系

是的，你没有看错：那些一直找不到真爱或者深陷一段糟糕恋情的人，在爱的道路上寻求好运无果的人，都有找到伴侣或是与已有的伴侣一起得到幸福的可能。但前提是，需要学习一些对一段幸福关系而言至关重要的知识。在本书中，我将介绍具体涉及哪些技巧，以及如何学会这些技巧。一段健康关系的建立并非全靠运气，而是涉及个人抉择和内心态度。

的确，对极少数人而言，建立一段紧密的亲密关系是件非常困难的事。这些人要么受过强烈的精神创伤，因此无法信任别人；要么天生就缺少共情能力，以及对亲密关系很重要的表达某些情绪的能力。这类特别严重的情感障碍，需要专业的心理治疗。这种情形下，我这个夸张的宣言"人人都能拥有幸福的亲密关系"就不太适用了。

但我相信：**只要能够保持适应他人和坚持自我之间的平衡，也就是心理学家所说的联结与自主性之间的平衡，那么（几乎）人人都可以拥有一段幸福的亲密关系**。这一点听起来简单，但很少有人知道，适应他人和坚持自我这两种能力有多么深远的影响，它们决定着我们的感觉、思想和行为。联结（适应他人属于此类）和自主性（坚持自我属于此类）是与全人类都息息相关的命题，揭示了人类生存的基本心理需求，并影响着我们的自我价值感。我们是能感受到自己的重要性和价值，还是经常怀疑自己的价值，追根究底取决于我们在童年和成人后，所经历或正在经历的联结和自主性。

我相信，我们如何选择伴侣，以及我们的亲密关系成功与否，最终都可以归结到联结与自主性，以及双方的强弱地位（自我价值感）。**想要脱单而不成，或者只想单身，根源都在于没有处理好联结和自主性之间的关系。**

公平、任务分工、妥协、权力斗争、吸引力、激情、性欲、父母、婚姻、单身、外遇、出轨、信任、怀疑……这些主题在亲密关系和单身生活中都扮演着重要角色。它们可以追溯到人们的联结愿望和自主性需求，因此了解自己的联结愿望和自主性需求至关重要。如果你能在适应他人和坚持自我间找到平衡，并且和伴侣（或其他人）达成一致，那么你就可以获得建立良好亲密关系的能力、良好工作关系的能力和自我享受的能力。这三种能力是精神健康的基石。

本书的重点在于建立良好亲密关系的能力。人类对于联结、自主性和自我价值提高的基本需求，已经深刻地渗入我们的亲密关系之中。这些基本需求从根本上决定了我们想要什么，我们是谁；我们喜欢谁，我们如何和伴侣交往；我们恐惧什么，面对这些恐惧我们如何保护自己；我们是自我实现，还是依赖他人生活；什么让我们振奋，什么让我们沮丧；我们为何争吵，又会在何时妥协等许多问题。

另外我还想告诉大家，如何在追寻爱的道路上找到属于自己的幸福，如何提升自己的联结能力和自主能力，并由此巩固自己的自我价值。为此我列举了许多实用的建议和练习。

这本书适用于所有性向的人，因为上面所说的联结、自主性和自我价值感在每段亲密关系里都扮演着核心角色。虽然本书举的例子都是异性恋，同性恋和跨性别者也一样适用。

希望大家能够在亲密关系里握紧自己的幸福，不要被动地等待伴侣哪天自己改变，或是完美伴侣从天而降。这本书可以帮助大家主动踏上找寻理想伴侣的道路，或者发现其实理想伴侣就在自己身边。

本书总结了许多非常实用的练习，你可以自由选择是全盘采用，还是仅仅阅读完后在心里思考。当然你也可以选择只做需要的练习。

别拿"爱无能"作为逃避亲密关系的借口

自从 2016 年博主米夏埃尔·纳斯特出版了畅销书《爱无能的世代》以来，我经常被记者问到这个问题："我们不是爱无能的一代吗，斯塔尔女士？"纳斯特认为，完美主义和自恋在当今社会，尤其是年轻人中非常盛行，因此年青一代越来越不愿意建立一段亲密关系。他们一直在找寻不存在的完美伴侣。尤其是年轻男性，最喜欢用"我是爱无能"来当做自己不愿意建立亲密关系的借口。恋爱可以说是个让男性头痛的问题。而且，约会软件也让亲密关系越来越肤浅和不受约束。纳斯特从自己的个人经历出发得出了这个结论。而在他的博客下面，很多粉丝也有强烈共鸣。

确实，不少人可以被称作爱无能。但这不是自古以来始终存在的问题吗？只不过这个问题在今天和以前的表现有所不同而已。

为了回答这个问题，我想首先介绍一下当下心理学中关于"不同代际的爱情和亲密关系"这一课题的研究成果：艰难的关系和破碎的婚姻一直存在，不能以亲密关系或婚姻延续作为评判亲密关系能力的标准。没错，今天的情侣和夫妻更容易分手，但并不是因为这代人缺少亲密关系能力，而是因为大家对亲密关系质量的要求提高了。这与女性越来越独立的现状有关。和以前相比，女性越来越不愿意忍受一段不幸的"金钱婚姻"：大部分离婚都是女性提出的。此外，社会舆论环境也越来越宽松：在今天，要想得到社会认可，结婚和组建家庭不再是必要前提。性在今天也变得越来越自由，约束越来越少。网络让人可以轻而易举地开始一段艳遇。但这些情况并没有使人拒绝建立亲密关系，只是让人更容易带着对亲密关系的恐惧生活。在当下社会，害怕亲密关系的人并没有变多，只是他们的存在更明显了而已。

由此我还想到，在20世纪60年代，这种爱无能可是被当成一种理想状态："那些可以第二次睡同一个人的人是真的猛士！"这句话流传甚广，而那时根本还没出现互联网！

爱无能不是随着网络以及由此出现的更多可能性出现的，也不是因为大城市的生活出现的。我们的亲密关系能力在童年时期已经习得。我们从父母那里学到自己是否被爱着，在人际交往中是否应该轻易信任别人。父母对我们的影响，从根本上塑造了我们之后的亲密关系。而儿童近几十年来的状况并没有变糟。和二战后受过创伤的那一代父母相比，年轻一代的父母越来越清楚孩子哪些地方表现好，越来越理解他们。育儿知识得到了惊人的增长，在教育层面人们也达成了共识，打孩子是不对的。尽管离婚率很高，但是已经有无数研究证明，比起父母争吵不断，离婚对孩子的影响要相对正面一点。须知，父母支离破碎的关系，往往是孩子产生联结恐惧的重要原因。

当孩子必须强迫自己适应现状，让父母满意时，就会产生联结恐惧。当父母不能在情感上支持孩子的发展时，孩子就承担起了维护亲子关系的责任。他们会执着于做所有能讨父母开心的事情。这种过度适应的代价是，他们自我的身份认同有一部分被滞留在了童年，成为成年后联结恐惧的温床。联结恐惧是害怕被抛弃和害怕在一段紧密的亲密关系中失去自我两种情绪共同作用的结果。纳斯特在他书中描写的那些现象，比如对于完美伴侣的执念、约会几次后突然消失、滥交、不负责任、忽冷忽热等，都是联结恐惧的典型症状。

但如果你认为联结恐惧者根本不会结婚，那就大错特错了。有不少联结恐惧类型的婚姻：婚姻中的一方或者双方想方设法地保持距离，如逃向工作或业余爱好、性冷淡、婚外情、沉默或经常吵架等。

联结是人类的基本需求，存在于所有人身上。实际调查中，人们的回答表明了：**一直以来，绝大多数人都渴望找到终生伴侣，或者和自己的伴侣相守到老。这一点从未变过。**我个人的观察也证实了这一点：我认识的许多年轻人早早的，甚至在中学时代就认定了一个伴侣，并且长长久久地在一起——我年轻的时候还没有这么多。相比之下，我们更换伴侣的频率反而更加频繁。或许按照今天的话来说，我们才是"爱无能"的一代。

联结与自主性是理解亲密关系的密码

对联结的需求，以及想要成为自由、独立的人的需求，是人类存在的两大基本需求，联结和自主性贯穿我们的一生。

当我们呱呱坠地，我们和母亲的脐带联结在一起，然后，联结中断了。如果没有一个联结的人来照顾，我们就会死掉。我们只能完全依靠他人的照顾和关怀生存。所以说我们对于这个世界的初体验完全是由一种存在性的依赖决定的。联结和依赖相互依存。为了吸引他人的注意，我们唯一能做的自主行为只有叫喊。只有通过叫喊，我们才能对父母施加影响。如果父母对此没有做出反应，放任我们一直哭喊，我们会觉得自己的行为是无效的，自己无法掌控自己的生活。这种无能为力的经历会对我们产生深远影响，甚至持续到成年。那些在之后的童年和青少年时期也很少能对父母产生影响的孩子尤其如此，他们的父母总是独裁又严厉，他们的需求总是被忽视。

个体的发展，首先当然是建立在个人越来越独立和自主的基础之上，目标是成为一个完全自主的年轻人，不用父母的帮助也能独立生活。孩子在成长过程中，一步一步学会叫喊、爬行、跑动、说话，活动范围越来越大，能产生的影响也越来越大。

同时，联结需求也起着至关重要的作用：开始是和父母的联结，接着是和家庭里的其他成员如兄弟姐妹、爷爷奶奶的联结。上幼儿园后，联结范围会扩大到幼儿园老师和玩伴。到上学后则继续扩大到所有老师和朋友。从青春期开始,大部分人还会初步尝试一段恋爱。

终其一生,我们都在忙着一方面满足联结愿望,另一方面努力变得独立和自由。 我们对联结的需求当然并非只能通过恋爱关系来满足,也可以通过泡酒吧、和朋友相聚闲聊来实现。在人生的头二十年里,我们需要变得越来越独立,同时扩展人际交往范围,这样人到中年的时候,我们才能在联结和自主性之间达成平衡。在生命快到终点的时候,我们的自主性又会变得越来越少,因为我们需要依靠别人的帮助生活,并且我们会慢慢失去与亲近的同龄人的联结,因为他们都会一个接一个离世。最终,我们自己的死亡会终止我们的联结和自主性。

既要适应他人,又要坚持自我

一段人际关系要想成功,参与者既要能适应他人,也要能坚持自我。**适应他人满足了我们的联结需求,坚持自我则满足了我们的自主性需求。** 不能适应他人,就无法与他人联结;不能坚持自我,则会在一段关系中失去自己的个人自由。大部分人会逐渐适应他人;也有些人会把自己过度封闭起来;还有些人会根据所处关系的方式和阶段,在两种态度中来回摇摆。他们可能会在一段关系中,服从非常强势的伴侣,在另一段关系中则处于主导地位。

过度适应的人在人际交往尤其是恋爱关系中,会过度压抑自己的愿望和需求。 他们想尽可能地满足伴侣(通常也包括其他人)的期望,潜意识里他们害怕,自己不这么做就会与对方疏远。也有可能他们会反其道而行之，避免紧密的亲密关系，或者不时制造距离。这即是联结恐惧。这些人除了永远同伴侣保持距离之外，找不到其他维持个人自由的方法。他们只有在独处或者与对他们没有特别期待的人相处时，才能感到真正的自由和独立。只有在无人在身边、需要他们满足其需求的时候，他们才允许自己正视自己的愿望和需求。

要适应他人，我们需要掌握一些社交技巧。我们必须感受并了解到对方的愿望，这就需要调动人的共情能力，即同理心。同理心在你我之间建立起了一座桥梁。我们也需要打开心扉，达成共识，相互依靠和妥协，团结一致，相互支持。这些都是适应他人和联结需要的行为方式。我们还需要减少与对方的差异，变得与对方相似一点，满足对方的期望，这样对方才会对自己好。在情感层面上，爱、喜欢和性吸引促使我们联结，而羞耻感则迫使我们适应社会的普遍规则和标准。

为了能和其他人产生联结，**我们还需要一定程度的自主性，否则就有在人际交往中失去自我和个人自由的风险**。很多人在一段特别紧密的亲密关系中都遇到过这种情况。

要满足自己的兴趣和需求，我们需要运用不同于上述联结需求的其他能力：我们必须懂得让自己同他人保持距离，把自己隔离开来。不要关注相同和可以联结的点，而是要关注自己和伴侣有何不同，是什么把双方区分开来。当我们进行这样的剖析时，我们就与对方拉开了距离。我们需要冒一定的风险：至少在此刻，我们失去了和他人的亲密。为了承受住这种分离，我们需要强大的意志帮自己完成目标，满足自己的利益。同时我们也需要有面对冲突的能力，必须坚持和捍卫自己的立场。

和自主性相关的概念包括：自由、控制、界限、权力、自主、放手、告别、分离、支配、比赛和竞争。这里涉及生存竞争和个人利益的实现，不得已时可能会侵犯到同伴或伴侣的利益。因此为了实现个人自由和自主，我们需要有分离和放手的能力。在长大成人的过程中，我们如果想要走自己的路，就必须摆脱父母乃至其他人的影响。这种可以同父母分开的能力，允许自己这样做的能力，也是我们可以进入一段恋爱关系的前提。如果有人在情感上认为自己和潜在的伴侣绝对不会分开，或者说绝对不允许分开，那么他们会感到无法轻松地对伴侣说同意；他们想象自己一旦确定伴侣就会完全失去自由。这样的人可能由于父母中的一方或双方的关系，无法没有负罪感地和父母分离。母亲失望的表情给他们留下很深的印象，把恋爱关系与强烈的束缚和责任联系起来。

要想在情感层面上维持自主性，我们还需要拥有攻击性。当有人侵犯了我们的个人边界，当我们被打扰、被阻碍、不被理解、被拒绝、被侮辱或者被不公正地对待时，我们会感到愤怒，产生攻击性。攻击性很重要，我们可以以此来保护自己，为自己辩护。我们需要一定程度的攻击性，来争取自己想要得到的东西。

谁会在亲密关系中强势？

除了独立和联结的需求，我们还有获得认可和接纳的基本需求。

我们的自我价值感与我们联结的质量,以及我们主观感受到的力量感密切相关。一个人如果自我感觉良好,他的心理就会很强大。拥有持久有爱的联结,才会有归属感。这两者都会增强我们的自信心。

问题是,要想被人爱、有归属感,我们应该做些什么?简单地做自己就足够了吗?在一段关系里面,我可以坚持自己的感受、愿望和需求吗?还是说我必须满足别人的期望,让自己适应这一切?这些问题的答案取决于我们的自我价值感。**如果自我价值感很强大,我们可以表现出自己真实的样子,在亲密关系中既不会委屈自己,也不会把自己隐藏起来。**如果自我价值感很脆弱,或者被严重破坏了,我们就会想尽一切办法,委曲求全,只为被人喜爱。

两性关系出现问题的一个重要原因是:许多人不敢做真实的自己。他们把自己的一部分藏起来,压抑自己的某些感受,很少表达自己的需求,接受某一种特定的角色,避免冲突,掩饰问题。他们不认为自己可以和伴侣平起平坐,觉得自己低人一等。如果他们感觉自己被一个(貌似)强大的伴侣压制,他们真实的反应是向其屈服(或者逃离)。适应是屈服的孪生姐妹,他们会为了满足貌似强大的伴侣的期望而努力,希望得到伴侣的喜爱,被其接受。换句话说:在这种情形下,为了满足联结的愿望,他们牺牲了一部分自主性。

谁强势,谁弱势,并不仅仅取决于我们的自我价值感,也与我们在一段关系中的感受有关。也有可能出现这样的情况:两个自我价值感都很脆弱的人相爱,并且理论上是平等的,但经常是其中一方想要保护自己脆弱的自尊心,拼命与另一方保持距离,因此逃向自主性之中；而另一方则有很强烈的联结愿望，不断妥协，紧紧追随。在这里，双方彼此间的互动关系也起了重要作用：看起来自主性很强的那一方越是躲避，另一方越会感到分离的恐惧，于是越有紧迫感，追得越紧。在这种情况下，"逃避关系者"掌握了权力，"紧紧追随者"失去了权力。于是逃跑者处在强势的地位，而伴侣处在弱势的地位，感到自己是依赖对方的。逃离的一方可能是主动地使用这种疏离法，如严格控制相处时间，保持身体距离；也可能是消极应对，如人在心不在，并且极少为这段关系付出。

理想的状态是，两个人举案齐眉，双方都感到地位平等。这样他们既可以满足自己对于联结、亲密和依赖的愿望，也可以协调双方对于独立和自主性的需求。一段成功的联结中，双方会彼此信任、倾听，彼此富有同理心，相互付出、顺从，达成和解。拥有健康自主性的双方会保持真正的自我，坚持自己的愿望和需求，争辩、谈判和争吵。当双方在他们的价值和利益中找到交集时，他们就会拥有一段幸福并且有生命力的亲密关系。

你为何会爱 / 不爱一个人？

认识自己内心的小孩

对于了解自己和自己的互动模式来说,研究童年印记有很重要的意义。最开始,我们和父母建立起了亲密关系。从父母那里,我们逐渐获得联结和自主性的经验。这些经验深深地扎根在我们的大脑里,尤其对我们的感情生活产生深远的影响。一个重要原因在于,六岁以前是我们大脑发育的重要阶段,这个时期的经验会形成神经连接,在我们的大脑里形成类似地图的模型。

我想用一个具体的例子来解释这个原理。尤利娅和罗伯特在一起两年了,在这段关系中她经常感觉很孤单。在刚开始的热恋期过后,罗伯特越来越疏远她。他总是工作很忙,没时间陪她。即使是在一起的时候,他也经常心不在焉,老是一副压力很大的样子。尤利娅在这段关系中患得患失,她做出了许多努力,想让罗伯特和自己更亲近些,花了很大的心思来讨他的欢心。

在尤利娅的记忆里,她的父母总是相亲相爱的。然而他们老是很忙,因此只能让保姆照看尤利娅。小尤利娅经常感到很孤单,非常想念她的父母。长大后的尤利娅心里还藏着小时候的自己,也就是她的内心小孩。**这个"内心小孩"是一个心理学隐喻,指的是隐藏在我们内心,总是不断追溯到童年某种相处模式的人格部分。**罗伯特的疏远行为唤醒了尤利娅的内心小孩——在她小时候,她的父母一直满世界跑,把她丢在家里,现在她又感受到了和小时候一样的孤单和无助。和当时面对她的父母一样,尤利娅对现在的局面也无能为力。罗伯特执拗地只关注自己的事情,尤利娅经常向他乞求更多亲密,然而总是徒劳。在这段关系中,尤利娅想要多争取一些联结。

罗伯特的内心当然也有一个小孩。他的母亲非常溺爱他,紧紧地守在他身边。小罗伯特总感觉不能把妈妈单独落下,尤其是当爸爸不在家的时候。罗伯特觉察到了妈妈的不开心和孤独,因此潜意识里想要承担责任。当他想要和小伙伴们一起玩耍,而不是留在妈妈身边时,他经常会有一种负罪感。罗伯特的内心小孩因此把恋爱关系和束缚、责任以及负罪感联系在一起。于是他在与尤利娅的关系中经常感到窒息,想要逃避到工作和其他活动中去。在这段关系中,罗伯特想要更多自由和自主性。

如果罗伯特和尤利娅想要共同建立一段幸福的亲密关系,首先他们需要学习认识自己的内心小孩,了解自己潜意识里深藏的童年问题。只有这样,他们才可以在下一步中做出改变。罗伯特需要知道,他在一段紧密的关系中也可以成为一个自由的人。尤利娅可以开始提高自己的自主能力,这样她就不会过度依赖罗伯特,不会一直抱怨不休。

什么样的人会吸引你?

如果我们想要改善一段亲密关系,或者找到一个可以让自己幸福的伴侣，首先我们必须清晰地分析迄今不顺利的原因。我们经常认为关系变糟都是伴侣的问题，或者老遇人不淑是命不好。大家都倾向于把自己的不幸归因到外界。实际上很少有人找出真正的原因。据我所知，很少有人对自己的命运完全没有责任。我认为，所有的问题，从最广泛的意义上看，都体现了参与者自己的意志，都是自己造成的。这一点也适用于亲密关系问题。

你可能会觉得这个说法太绝对了，可能会提出反驳。或许你的伴侣表现真的很糟糕，就像罗伯特那样。但问题是，你为什么会找这样一个伴侣？为什么你还留在对方身边？或许你觉得自己已经错过了对的那个人，或者自己总是爱上错的人。或许你想反驳我："为什么我一定要有一段固定关系？我对此毫无兴趣。我乐意单身！"

大家总觉得找到一个对的人是偶然或者运气，然而真实情况是，在你的潜意识里，**内心小孩对你产生了巨大的影响，决定了你会爱上什么样的人，不爱什么样的人**。如果你总是爱上错误的人，这和你的恋爱程序，和你潜意识里的吸引模式有一定的关系。如果你陷入一段艰难的亲密关系里，这正和你的内心小孩有关系，这也往往是你们的关系进展不顺的原因之一。如果你觉得自己不需要固定的联结，而是喜欢单身或者左拥右抱，这种态度也可以追溯到你的关系模式上。

我们的关系模式和我们的吸引模式相互交织在一起，而且每一个人的情况都不一样。还是借用尤利娅和罗伯特的例子说明。对尤利娅的关系模式造成影响的是，她的父母经常把她一个人留在家，因此她的内心小孩强烈地渴望联结和爱。在联结和自主性的天平上，尤利娅强烈地倾向联结这一端。她掌握了联结和适应的一切技巧：她渴望和谐，容易妥协，想要把一切做对做好，想要满足罗伯特的期望。而独立自主对她来说太难了。虽然她有很好的工作，单身的时候也可以照顾好自己，但她的内心小孩非常害怕独立和孤独，就好像她的内心深处从来没有真的长大。尤利娅渴望有一个强大的人可以带领她度过一生。她的内心小孩一直坚定地想要找一个人陪伴她。因此尤利娅在伴侣身上找寻她缺失的部分：一个强大、独立的自我，这正是她（潜意识里）在罗伯特身上发现的特质。罗伯特是所谓的"酷仔"，他散发着独立和强大的光芒，对尤利娅有巨大的吸引力。

与之相反，罗伯特的内心小孩害怕太多的亲密，这会让他感觉被束缚和控制了。对罗伯特的内心小孩来说，他只能相信和依靠自己。他内心的天平是倾向自主性的。他喜欢上尤利娅这样散发出温暖的女性，因为虽然他的内心小孩害怕联结，但同时也非常渴望联结。尤利娅拥有他没有的特质。

尤利娅说自己喜欢"酷仔"，她觉得友好和善的人很没劲。如果不改变自己的吸引模式，她没法找到适合自己的对象。她会一直被在关系里需要距离和自由空间的男人吸引，让自己感到不安和害怕。她需要学会更加独立自主，这就要求她不再执着于找一个看上去强大的伴侣，而是学会审视自己的内心。这样她看男人的眼光才会转变，她很快就能认清，有一些"酷仔"根本一点都不酷，而是有联结问题。她也不会第一眼看上去就觉得那些人很酷了，因为她自己就可以做到独立，活得真实。

大多数人都和尤利娅与罗伯特一样，喜欢在伴侣身上寻找自己缺少的东西。我们都在寻找自己"更好的另一半"。绝大多数情况中，这种想要通过伴侣获得圆满的愿望都存在于潜意识中。内心小孩其实在寻找伴侣的过程中一直积极参与，想要治愈童年时受到的创伤。对尤利娅来说，伤害来自父母把她独自留在家中；相反，罗伯特则是因为母亲的过度控制而受到伤害。想要依靠一个伴侣来修复小时候遇到的问题，这种努力通常都是白费力气。内心小孩需要依靠自己的力量治愈。内心小孩越健康，我们就越有能力建立起一段好的亲密关系，越容易识别出对的伴侣。一个健康的内心小孩可能让我们从现有的关系中抽离出来，学习更加重视和珍爱现有的伴侣。

男性看重自主性，女性看重联结

　　男人和女人的行为有很大区别，这是由基因决定的，还是后天习得的？之前有很长一段时间流行"两性间的区别是与生俱来的"这种观点，有一些研究似乎也证实了这一点。但现在的研究已经证实，男女之间的基因区别被夸大了，从根本上说，男女之间的区别是因为女孩和男孩从小被教育遵循自己性别的社会角色，被规训出了不同的行为和思考模式。美国研究员丽萨·艾略特在其发表的研究中提到了这一点。[1]

---

[1] 参考 http://www.zeit.de/wissen/2010-06/hirnentwicklung-kleinkinder-geschlechter。

长久以来，基因或者教育决定了**大约三分之二的男性倾向于自主性这一端，而三分之二的女性倾向于联结这一端**。这在交际和行为中有何影响？首先，男性更务实，而女性更重视关系。男性更容易和事情保持一定距离，用头脑思考后作出决定。女性更重视合作，会考虑自己的决定给他人造成何种影响。当尤利娅向罗伯特讲述她和一个女性朋友之间遇到的问题时，她期望着罗伯特可以倾听她，理解她的感受。而罗伯特则在思考如何解决尤利娅的这个问题，但其实尤利娅根本不想知道这些，可能她在讲述的过程中自己已经找到答案了。她在意的是罗伯特的关心。

心理咨询师、作家比约恩·苏弗科对这些男女之间经常出现的交流问题给出了一个可信的解释。苏弗科说，在男性的社会化过程中，不欢迎软弱的情绪：无能、无助、悲伤、恐惧和羞耻通常被认为是女性的情绪，男人不应该出现这些。男孩很早就要学习压抑这些所谓软弱的情绪。与之相反，快乐和愤怒是被允许出现的。这里要提醒大家：愤怒或者攻击性属于自主性方面的情绪。

当尤利娅和她最好的朋友产生了冲突，因此感到悲伤和无助的时候，罗伯特觉得不舒服，因为他完全不希望自己和这些情绪有任何联系。这阻碍了共情：为了感受他人的悲伤，人们需要调动起自己的悲伤。但当人们在自己内心深处觉得某种情绪很危险时，他们会刻意不理会对方的这种情绪，以免自己内心的情绪会被唤醒。这种同理心缺失是男性针对自身不愿感受的软弱情绪的一种防御机制。然而同理心是我们获得联结必备的基本能力。一些男人（也有一些女人）很难对别人产生共情，这会削弱他们的联结能力。

如果你属于缺乏同理心的类型，我想建议你，第一步是允许自己感受自己那些软弱的情绪，第二步是向同伴敞开心扉，诉说这些感受。通过有意识地注意到这些情绪，你才能够建立起和它们的交流。比如当你感受到一丝悲伤时，请不要像往常一样自动压抑它，而是正好相反：在内心给这种情绪一些空间。别担心，它既不会永远跟着你，也不会把你完全吞噬。情绪总是很短暂的：积极的情绪和消极的情绪都是这样。你越能处理好和自己情绪的关系，就越能理解同伴的情绪。

男性相对而言更加务实，因此大部分男性更喜欢谈论客观的事件而非关系。他们也喜欢一起解决问题。对男性来说，"齐头并进"是一种舒服的关系模式。比如说他们想赶上旁边的汽车；他们在钓鱼、驾驶帆船或在高尔夫球场时也如此。而女性更喜欢在谈话和行动中依赖别人。

相比女性，竞争和比赛在男性的关系中起到更为重要的作用。男性喜欢相互较量，并且喜欢展示较量。这种竞争意识让他们倾向自主性，想把自己和他人区分开来。对他们而言，重要的问题不是"我们有什么共同点"，而是"哪些方面我更优秀"。而重视联结的女性往往更加强调相同点——她们更注重相互理解，注重双方可以联系起来的点。

这种特质在童年时期就显现出来了：女孩喜欢相互合作的游戏，而男孩喜欢相互竞争和比赛。当几对好友凑在一起时，经常出现的情况是，男人凑在一起，几小时地为政治问题争论不休，而女人彼此分享私密的个人经历。

当然女性也可以务实、喜欢竞争和冲突，就像男人也可以敏感多情。我们说的仅仅是统计数据中的大多数。两性都拥有这两种能力，他们也可以发展并训练自己相对较弱的能力。两种能力都有自己的优点。重要的是，男性和女性都可以理解对方，不要持有偏见，而是尊重彼此。女性可以学会自信地辩论，展示自己的观点和能力。相反男性可以培养自己的共情能力，减少竞争性。

"真爱"是如何产生的？

有联结恐惧的人往往陷入下面的情形：当他们确定伴侣是真的喜欢自己时，对方就突然没有吸引力了。相反，如果伴侣的态度暧昧不明，或者表现得忽冷忽热，他们则会陷入狂热的爱中。这两种情况被称为**被动联结恐惧和主动联结恐惧**。前者如罗伯特，他总在制造距离。后者如尤利娅，她紧抓着罗伯特不放。

谁主动谁被动，会在不同的关系中不断变化，在同一段关系中也可能不断变化。假如尤利娅认识了另一个男人，因此想要离开罗伯特，那么罗伯特很可能突然重燃爱火，想要把她追回来。在罗伯特的前一段感情中，他已经扮演过一次被动的角色了。他的前女友瓦莱瑞对他的态度忽冷忽热，变化无常，让罗伯特非常抓狂。

而尤利娅为了能和罗伯特在一起，和她的前男友克里斯分了手。在这段关系中，克里斯是更用心更亲密的那个，然而这种用心却被尤利娅嗤之以鼻，认为是软弱的象征。在与克里斯的感情中，她是那个主动的角色。

发生了什么？只要个体在一段关系里没有感到完全的归属感（这种感觉也可能在持续一生的婚姻中出现），那么他对于失去独立性的恐惧会暂时淡化，而对于被抛弃的恐惧，即联结的愿望，会变得非常强烈。换句话说：大脑里的联结系统被激活了。被激活的联结系统一定要和目标对象联结起来，从而树立起了最高级别的警戒。在这种状态下，个体受到被抛弃恐惧的驱使，不惜一切来掌控形势。一个激活状态下的联结系统可能会导致如下"症状"：

- 感到自己彻底陷入了爱情之中，狂热地追求伴侣。
- 除了伴侣之外，几乎不能思考其他事情。
- 美化伴侣，将其捧上神坛。
- 不厌其烦地幻想一个美好的结局，认为伴侣最终会以理想的方式进入这段感情。
- 用一些小伎俩和掩饰来让伴侣相信自己。
- 假装冷漠，或者想办法让伴侣吃醋，来获取其关注。
- 一直生活在不确定和失去伴侣的恐惧中，并且因此感到巨大的悲伤。
- 特别黏人，或者特别依赖伴侣。
- 感到自己的行为被伴侣干扰了。

被激活的联结系统，以及在此基础上产生的对于被抛弃的恐惧，让人产生热恋的感觉。但这种热恋的感觉并不是爱。爱是一种稳定、深厚、让人安心的情绪。即使两个人已经在一起很久了，当伴侣释放出一些模棱两可的信号，让人感受到危机时，联结系统还是会被激活。而因为联结系统长期处于被激活的状态，**当事人会觉得自己遇到了此生唯一的真爱**。然而实际上是对于被抛弃的恐惧让人点燃了激情的火花。

在与瓦莱瑞的交往中，罗伯特害怕被她抛弃，因此他的联结系统被激活了，这让他处于遇到真爱的幻觉之中。直到现在，他的内心还是没有完全放下瓦莱瑞，还在幻想她是自己的真爱。相反，尤利娅的联结系统在和克里斯一起时并没有被激活，因为他让她太有安全感了。当她认识罗伯特时，他从一开始态度就很暧昧，释放出一些前后不一的信号，因此她的联结系统反而被激活了。她很不幸地误以为这是爱，放弃了有联结能力、能让她幸福的克里斯，选择了抗拒联结的罗伯特。

为什么得手后就变冷淡？

一段亲密关系刚开始时，通常双方都处于不确定的状态。至少一开始时，双方都在努力确认对方的爱。想要把恋爱对象牢牢抓紧的愿望，是和人的自尊心密切相关的。在追求恋爱的过程中被拒绝，会非常伤自尊，而追求成功可以极大地增强自信。联结系统想要掌控全局，保护自己的自尊心。当恋爱关系稳定下来，自尊心得到了肯定，联结愿望得到了满足，联结系统就会平静下来。

但是当联结稳定后，像罗伯特这样害怕失去自主性的人内心的联结恐惧又会被唤醒。进入一段稳定的关系后，他们会感到自己突然被伴侣的期望包围了，因此会后悔自己在一开始的热恋期做出的某些承诺。他们突然感觉不舒服，感到自己被束缚了。于是他们的自主系统开始运转起来，此时他们会突然对伴侣失去兴趣。热恋的情绪冷却了，伴侣变得毫无吸引力。当罗伯特注意到尤利娅对自己已经死心塌地时，他就感觉自己被她的期望包围了。从这一刻起，他的潜意识里又想起了那掌控一切、对自己过度要求的母亲。在他和尤利娅的关系尚未确认时，他还处在被拒绝的恐惧之中，只想着怎么得到尤利娅，怎么确定关系。**热恋期过后，两人关系趋于稳定，自主系统才会出现，它有可能导致分手。**激活状态下的自主系统有如下典型特征：

- 想要追寻完美伴侣。
- 在追求伴侣成功后，不断放大对方的缺点：把注意力集中在伴侣的缺点上。这些缺点看起来太突出了，以至于他们开始强烈地怀疑伴侣是不是那个对的人。
- 对双方的距离远近极其专制，伴侣什么时候可以靠近，完全由自己说了算。
- 不愿承诺一个共同的未来，即使做出承诺也经常会违约。
- 如果伴侣一直赖在自己家里不走，会认为对方侵犯了自己的个人领地。

- 怀疑这段关系，考虑是否要分手。
- 和伴侣度过一些亲密时刻后开始刻意回避，重新制造距离。
- 伴侣总是找不到自己。
- 在和伴侣的交流中封闭内心。
- 失去了和伴侣做爱的兴趣。
- 尽量避免和伴侣共处的时间。
- 被很多其他潜在的对象吸引，并且/或者开始纠缠前任。
- 开始和其他人有绯闻，并且/或者经常搞外遇。

在自主系统背后隐藏的是被夸大的对被伴侣抛弃的恐惧，以及/或者被夸大的被伴侣控制的恐惧。通常来说，这两种心理是同时出现的。一方面，人们为了争取伴侣的喜爱，会压抑自己的自尊，过度适应，满足伴侣的所有愿望。但另一方面，这也唤醒了人们心中的不情愿和抵制，因为他们不想失去自我。为了防止失去自我，人们开始远离伴侣。然而内心的这一系列过程都是在潜意识里发生的。人们不会注意到这些，只会对伴侣产生强烈的怀疑，扪心自问对方到底是不是对的那个人。

对于被伴侣控制的恐惧是一种心理投射，一种要把责任推给别人的内心恐惧。因为他们强迫自己满足伴侣的所有期望，所以内心深处产生了这样的情绪。他们小时候没有学会和别人共同建立一段关系，只是待在原地，等着一段关系降临到自己身上。一旦他们和伴侣的关系稳定下来，伴侣在他们眼里就突然变成了想要控制、操纵自己的敌人。他们感受到自由的唯一方式，就是由内而外地拒绝这段关系。

这种被束缚的感觉只有在亲密关系变得越来越紧密的时候才会出现。而紧密的定义要根据联结恐惧的程度来确定。有些人在调情暧昧阶段就开始害怕，还有的人在婚后才开始退缩。这种退缩总是出现在人们主观上想要建立这种印象时："现在要来真的了"或者"我被锁进这段关系里出不去了"。

而对于处在被动地位的那一方而言（比如尤利娅），他们错误地认为，自己找到了真爱，离开这个人就活不下去了，或者再也找不到能让自己幸福的人了。如果他们的联结系统非常活跃，那么他们会极度美化伴侣。此时他们会感到上瘾、无能为力，把自己全身心托付给了伴侣。再重申一遍：这种依赖方式和爱毫无关联。

爱意消退的其他原因

除了对于失去自主性的恐惧，还有更多的原因让人觉得一开始猛烈追求的伴侣突然失去吸引力，回避亲密关系，比如对于被恋人抛弃的过度恐惧。这里指的是那些"过于谨慎的联结恐惧者"。他们由内而外散发出一种生人勿近的气场，其实只是为了保护自己不受伤害。他们害怕自己如果真的信赖伴侣，敞开心扉后，伴侣会离开自己。这种内心的保护墙通常是在他们认定一个伴侣之后形成的。只要他们不确定伴侣的态度，他们就会感到深深的思念和爱意。这种心理背后的逻辑是：我不确定拥有的东西，就肯定不会失去，不会被抛弃。还有一些过于小心谨慎的联结恐惧者，会对自己肯定追不上的某个人陷入狂热的追求中。

你不能给我长脸

此外，对自身缺点的零容忍，也会导致失去爱意或无法产生爱意。对自身形象严要求的人会花大力气给别人留下好印象，他们会觉得伴侣的缺点难以忍受，因为他们认为伴侣也必须适应他们的自我形象系统：伴侣应当在任何情况下都拿得出手，好提升自己的价值。否则他们的虚荣心会受到伤害。

这里涉及自恋。自恋者通过追求完美和奢华来掩盖自己脆弱的自尊心，因此他们总在外表上表现得非常自信。自恋者的伴侣是他们自我形象的延伸，不应当有可以被人指摘的缺点，除非自恋者已经放弃这个伴侣了。明显的自恋者从来不会停止数落伴侣（以及其他人）。他们不断地挑伴侣的毛病，这样他们才不会陷入无尽的自责中。他们把感受到的自身的缺点投射到伴侣身上，强迫伴侣感受他们自己不愿面对的不足和缺点。自恋者表现出攻击性的另一个原因是他们的高度脆弱。最微不足道的批评也会让他们觉得天要塌了。

自恋者通常是缺乏理性的联结类型。一旦觉得伴侣对自己的爱不够多，他们会突然爆发争吵，或者干脆分手，即使伴侣还没有搞清楚是什么让其如此抓狂。但是分手后自恋者又喜欢重新接近伴侣，对他们来说分分合合不是什么稀奇事。

不确定自己是不是找到了对的人

还有一些人完全无法独自生活，他们可能和自己根本不喜欢的人在一起，因为他们的理念是：一鸟在手，胜过百鸟在林。这也是外向者更容易遇到的陷阱，因为相比内向者，他们更加不能忍受寂寞。然而当害怕独自生活的恐惧得到了安抚，伴侣的种种缺点就浮现在了眼前，这些人不禁问自己：我难道不该找个更好的人吗？

肯定有很多读者会问：如何确认我的伴侣真的不是对的那个，或者我只是出于联结恐惧才这么不安？可以从两个方向考虑：1. 请审视自己的内心，什么是你和这个伴侣结合的真正动机？你觉得伴侣有什么打动人的地方？你的哪些担忧可能会成真？ 2. 从理性出发分析，你感受到的伴侣的缺点真的有这么严重吗？从客观的角度来看伴侣的缺点，是不是必然会导致热情冷却？通常人们冷静下来思考，会发现自己的批评过于苛刻了。我的一个学员就有过这样的经历，他和前女友分手了，因为在他眼里，她比自己的标准矮了3厘米。他在理智上知道这个理由很可笑，实际上在这背后隐藏的是他自己巨大的联结恐惧。

过度适应他人的人不能很好地正视自己的感觉和需求，因此他们中的很多人不确定自己是否找到了正确的伴侣，并且怀疑自己到底是真的想要和对方在一起，还是因为不想伤害对方，或者仅仅因为自己不想一个人。这些人封闭了自己感情的入口，也因此在确认伴侣是否合适时难以做出清晰的抉择。

我不能分手

过度苛责伴侣，还可能是源自一个深层次、潜意识的信念："我不能分手！"过度适应他人的人尤其无法主动地建立自己的亲密关系。他们坚信自己不能让任何人失望。既然不可以让别人失望,他们当然也不能分手,哪怕他们明知自己选错了伴侣,或者这段感情在其他方面让他们感觉不舒服。于是,当他们即将走入固定的亲密关系时,内心的有所保留必然会让他们迟疑。其实在他们心中,伴侣必须要完美,这样才能保证"永远的联结"没有风险。伴侣的一些小缺点就会让他们害怕开始一段固定的亲密关系。所以他们容易陷入各种不固定的短期关系中。

即使他们觉得自己找到了完美的对象,又会出现一个新问题:自身的不满足。过度适应他人的人总是有自信方面的问题,他们确信自己无法永远留住如此完美的伴侣,这种心理反过来促使他们避免与完美对象建立固定关系,或者在短时间的亲密之后重新疏远对方。在这个亲密—疏远模式中,双方都会陷入无休止的死局中。他们内心想要不分手的坚持,和对于独自生活的巨大恐惧交织在一起。

我不相信任何人

最后,以前经历的联结方面的创伤也可能导致爱意的消失。对于那些童年时曾被抛弃,身体或精神上受过虐待的人而言,联结可能是一种潜在的威胁。他们对于过于亲密感到恐惧,这会唤起他们早期不幸的联结经历。为了生存下来,他们会像童年时期学会的那样,把所有的情绪都封闭起来。这里所说的不是一个有意识的主动过程,而是一种条件反射,我把它称作"假死反射",心理学上有个专业术语来称呼这个过程,即"分离":当事人为了规避别人施加在自己身上的痛苦,似乎从自己的身体或者情感中抽离出来。如果成年后他们想要从这种创伤性的回忆中解放出来,他们必须学会重新感受自己的身体。

你是喜欢单身,还是不得不"喜欢"单身?

可能还有一些人觉得本书与己无关,因为他们是坚定的单身主义者。他们说,他们不想向别人妥协,也没有兴趣面对亲密关系中的巨大压力。还有很多人认为,自己还没有准备好为了一段固定关系牺牲自己的性自由。只要这类人真的觉得自己有选择的自由,这种态度在原则上没有什么好反对的。但很多时候事实并非如此。

许多坚定的单身主义者之所以一直单身,是因为他们只能选择单身,而无法选择亲密关系。他们通常显露出一些根深蒂固的,多半是潜意识里的联结恐惧。他们总是坚定不移地站在自主性那端。只有在没有固定亲密关系时,他们才能感到自在和自主。他们的内心小孩把恋爱关系和痛苦、不幸联系在一起,要么像戴着枷锁一样备受束缚,要么在内心深处坚信爱人终将离开自己,伤透自己的心。有些人在童年和青少年时期遭受过实实在在的联结创伤,因此他们的内心小孩把亲密关系和恐惧、惊吓直接联系在了一起。他们的内心小孩只有在独处的时候才觉得最安全,认为联结就是要把自己整个托付出去,是弱小和任性的体现。

我认识的单身者里,没有一个真的认为独身好过一段美好的恋爱关系。单身对他们而言是一件有一点烦恼的事,但陷入或者舍弃一段不幸的关系更让人烦恼。一些单身者认为他们找不到伴侣,或者没人会喜欢自己。另一些人觉得他们找不到真正适合自己的人。还有一些人用短暂的一夜情，在潜意识中补偿自己对亲密关系的向往，但就是不肯真正去实现它。

现在，肯定有读者会问：为什么你这么确定人类更喜欢一段稳定的亲密关系而非单身？答案是：因为**固定的亲密关系是写在我们的基因里的**。人类的出场设置就是要进入专一的联结里。美国科学家海伦·费舍尔做了很多研究，得出结论：热恋的感觉促使我们选择某个伴侣，以此来孕育后代。当后代出生后，热恋的感觉会消失，否则年轻的父母只会想彼此厮守，而忽视自己的孩子。理想的状态是用另一种情感，即稳定持久的联结来替代爱情。我们需要这种情感，才能花很多年时间来照看小孩，直到他们长大独立。维系家庭纽带，对孩子的成长是至关重要的。自然赋予了男性强烈的性冲动，以此来尽可能广泛地传播自己的基因。而女人最多在和同一个男人睡过 200 次之后就会感到无聊，这是为了扩大她的基因范围，并且防止近亲繁殖。结果就是，我们在固定关系以外，时不时会有一些外遇。

单身生活并没有什么好指摘的，从任何角度而言，它都比一段不幸的亲密关系要好。但是每个坚定的单身主义者还是应该认真地审视一下自己的内心，是不是真的想要孤独一生，自己想要的到底是什么。不要让与生俱来的联结愿望被恐惧和糟糕的童年经历压抑和掩盖了。

亲密关系模式是怎样形成的？

基因让我们的亲密关系模式不一样

在我们如何建立亲密关系,以及如何看待这个世界的问题上,基因起到了决定性作用,很大程度上决定了我们的性格和喜恶。关于这个话题我写了整整一本书来讨论,书名叫《我就是这样!》。

基因不仅决定了我们的许多性格特点,还对我们的联结模式和自主性模式有很大的影响。不同的人对于距离远近有不同的期望,有所谓的"妈宝",也有一些几乎不需要和父母亲近的小孩。

基因也对我们的自信心有很大影响。外向的人通常更不容易紧张,通常比内向的人更加自信,而内向的人往往更加深思熟虑,更加谨慎。作为性格特点,外向和内向在很大程度上是由基因预先决定的。

我们的亲密关系模式,由我们的遗传基因和我们从环境中习得的印记共同影响。

在这里,所谓的亲子配合模式起到了重要作用。例如,一个非常需要爱的母亲有了一个几乎不需要安抚的孩子,这个母亲可能会感到很沮丧,甚至觉得被拒绝了。这样一来,她和这个孩子的联结就会变得很困难,她可能会更喜欢其他孩子,因为他们会回应她给出的关注。或者,如果这个母亲没有这么敏感,也许她不会马上发现,这个孩子不想一直依赖她，于是她任由自己的亲近愿望泛滥，让孩子觉得窒息。这会导致孩子在今后的成长过程中发展出强烈的自主性和自由需求，可能会对伴侣的亲近需求感到厌烦，或者根本就不想走进一段亲密关系。

联结恐惧特别强烈的人通常比较冷静、理性。而特别需要关爱、亲密关系的人生来更需要爱与和谐。

当我们讨论个性的时候，可以考虑一下以下问题：哪些性格特征是我们与生俱来的？我们的父母是如何与我们的这些特征相处的？或者，他们在我们小时候给了我们这些天性怎样的空间？

童年印记决定了亲密关系模式

刚出生的头几年，人体大脑发育得很快，这段时期对人的心理发展具有至关重要的意义。这一时期会产生非常深刻的条件反射，我们也称之为印记，它们决定了我们如何看待自己，以及如何看待外部的真实世界。

童年早期，除了父母，其他人和因素也会对我们的人格印记造成影响。它对我们将来的发展阶段，尤其是青春期意义非常重大，会为今后的生活增添许多决定性的经验。当然，我们从出生到死亡一直处于发展的阶段，会不断地收集新的经验，并从中学到新的东西。

我在这里尤其强调父母和童年早期的作用，是因为早期的经历会产生非常持久的影响，而且我想尽可能把这个问题解释得简单明了一点。如果我想把一个人一生中可能遭受的所有创伤都解释清楚,并且把我的思考都加入进去,这本书将会变得过于繁杂。不过,我还是恳请你自己做一些相关的思考。

我在这里做出的和父母有关的所有思考,你也可以和其他相关的人和经历联系起来。你可能会说:"在我的经历中,父母并没有这样做,但我有一个特别糟糕的哥哥／一个恶毒的奶奶／一些同学……"请不要有顾虑,思考一下这些人给你的个人印记造成的影响。

下述观点并不新鲜:**潜意识通过我们的生活经历,深深地影响着我们的感知;我们没有能力客观地感知世界**。希腊哲学家爱比克泰德早就这样说过:"让我们不安的不是事物本身,而是我们对事物的想象。"一些心理学家和哲学家提出,感知不是指我们从外界获取了什么东西,而是指我们赋予了外界什么意义。也就是说,我们对周围的一切赋予了主观的意义,并对此做出反应。我们不是对外界的事物本身做出反应,而是对我们关于这些事物的解读做出反应。例如,如果罗伯特又一次忘记了和尤利娅作出的约定,尤利娅并不会正确地认识到,这是因为罗伯特对这段关系承担的责任太少,反而会认为:"我太不重要了!"这种想法是她从小建立起的信念,而罗伯特一遍又一遍地唤醒它。在一个客观的事件(忘记约定)发生后,当事人进行解读("我不重要"),然后会出现某些情绪(受伤/伤心),接着会做出一些反应(哭泣,责骂,哀求)。我们所有人都可能出现这样的情况。**我们总是戴着童年印记的眼镜看待他人的行为。**

所以要了解我们的亲密关系模式,首先要剖析我们的童年印记。

为此，我们并不需要深入灵魂最偏远的角落，审视自己的整个童年；我们只需要抓住并理解几个关键点就足够了。我会从这一角度出发，简单地讲解一下，童年时期我们的联结愿望、自主能力和自尊心发展的条件。

好父母培养孩子的联结和自主性

从呱呱坠地开始，人们就有身体和心理的基本需求。新生儿首先会被身体知觉控制：饥饿、干渴、寒冷、哺乳、喂食、清洗、包尿片、抚摸——他们和照顾自己的人一开始的互动非常亲密。婴儿的联结需求会被照顾者所做出的这些身体相关的行为满足，或者，如果照顾者做得不好，则得不到充分满足，或者完全没有得到满足。

在一岁时，会出现所谓的**基本信任感或者基本不信任感**。如果婴幼儿在哭的时候有人过来安抚他或者给他喂食，他的内心深处会产生对这个世界以及对他人的信任，因为他能感觉到自己是受欢迎的。不过，小孩不光通过身体的照顾，也会通过最亲近的照顾者的表情来感受自己的价值。**如果父母经常微笑，并且在照看小孩时喜形于色，小孩就能感觉到父母和自己在一起时很高兴、很幸福，心理学上称之为镜像自我价值感**。这是一种条件反射，会对我们的一生产生持久深刻的影响：我们通过自己的同伴获取认可，遭受否定时我们会感到羞愧。向往认可、害怕被否定是我们的联结需求里最深层次的人性动机。如果我们对一切都感觉无所谓，不会难过，那我们就不会有适应他人的能力，就是最纯粹意义上的反社会。对自我价值的深刻需求和羞耻感这种情绪上的强制手段，决定了我们在集体中的行为举止。

我们对于联结和自尊的心理需求是否能被父母满足，很大程度上取决于他们的联结和共情能力。父母的共情能力是教育能力的重要标准。共情是自我和他人之间的桥梁，是联结能力的本质特征。婴儿在刚出生的头几年还不能表达自己的需求，只能依靠照顾者感知自己的需求。在之后的发展阶段中，父母或者至少是父母中的一方能够感知到孩子的愿望、开心和忧虑，也至关重要。父母能够理解孩子的情绪，会让孩子感觉一切都处于正确的轨道上，自己的情绪是得到认可的，并学习如何控制自己的情绪和行为。

举个例子，如果孩子从幼儿园回家后非常伤心，因为他最好的朋友不想跟他玩，有共情能力的家长会注意到孩子很伤心，说："我可以理解，菲利普不想跟你玩，所以你很伤心。"在识别并且说出孩子的情绪后，家长可能还会提出一个解决方案："我们等等看吧，也许菲利普明天又会来找你。如果没有的话，你可以和别的小朋友玩。"这样孩子就会学到：1. 我现在的感受是"伤心"。2. 这种感受是被允许的。3. 这种感受有解决方案。今后他也能学会如何处理像快乐、爱慕、愤怒、羞耻或者嫉妒等情绪。孩子通过照顾者感同身受的表达和评论，认识了这些情绪，接受了这些情绪。这意味着，他可以拥有所有的情绪，并且知道如何和它们相处。

相反，如果父母很难对孩子的情绪共情，他们会（无意中）觉得孩子的情绪和需求都不对。当然，也不一定是对所有的情绪都一概排斥,有些父母只会坚决反对某些特定的情绪,比如愤怒。许多人都无法很好地处理愤怒。他们要么不能控制愤怒,攻击性太强;要么总是压抑愤怒,无法释放出来。后者从父母那里学到愤怒是不受欢迎的、糟糕的甚至危险的,所以他们必须消灭这种情绪。如果这种印记后来得不到改变,他们会把它继续传递给自己的孩子。他们的孩子,将来也必然会重蹈覆辙,顺从父母的愿望,压抑自己的愤怒,为了提高自己的适应能力,而牺牲了自己的一部分真实性。

不要误会:这里并不是要鼓励孩子肆无忌惮地发泄愤怒。孩子当然需要学习如何控制愤怒的程度,在成功的教育下,愤怒的动机也会随着孩子的成长而变化。但是,最起码**要允许愤怒这种情绪存在,它是表达自我的一种重要方式,我们的边界能力需要它的存在。**

要处理孩子的愤怒情绪,父母最好不要把它们情绪化地联系到自己身上。有些父母在孩子和自己疏远时不知道该如何处理,当孩子处于所谓逆反期的时候,情况尤其严重。为了成功和父母保持距离,孩子会表现得特别有攻击性,比如会愤怒地朝母亲喊:"走开!"这种表达当然不怎么礼貌,但是对于一个三岁的小孩而言,他还没有到可以理解父母感受的阶段,因而这种表现是可以理解的。然而有些父母自尊心太脆弱了,他们觉得孩子的发泄是冲自己来的,于是小题大作,表现出更加强烈的愤怒,并且很伤心或失望。如果父母(不断)表现出更强烈的愤怒,孩子会害怕,从而认为表达自我是很危险的。如果父母(不断)表达出比孩子更失望和伤心,孩子会认为表达自我会伤害到别人,他对父母的情绪负有责任。这些经验在孩子的大脑中参与了行为模式的塑造。

好的父母不仅会满足孩子的联结愿望，还会对其自主性需求表示理解。孩子的自主性发展和天生的探索欲密切相关，让他们变得好奇，充满求知欲，想要不断探索周围的世界。孩子们都有强烈的冲动要理解周围的事物，希望掌控它们。因此他们喜欢某些特定的游戏，例如不断地把玩具扔到地上，希望周围的成年人帮他们捡起来。他们通过这种方式训练自己所谓的自我实现力，就是说，他们正在学习让自己对周围的环境施加某种影响。这种可以产生影响的感觉，以及自己不仅仅是人际关系的接受者的感觉，是自主性发展的核心特征。因此，让孩子在可行的范围内实现自己的意志非常重要。由此他们会了解到，拥有自我意志并且为之做出努力是可行的，是值得赞扬的。

同时，孩子的意志不该是父母行动的唯一标准，孩子也需要逐步学习适应他人。联结愿望（需要学习适应他人）和自主性追求（需要学习坚持自我）相互联系又相互竞争。为了实现联结，人们必须要放弃一部分自主性；为了实现自主，也必须放弃一部分联结。两种需求间需要不断地进行平衡。最理想的情况是在成年之前就学会这一点。但事情往往不如人所愿：许多人过于妥协，一些人过于反叛，还有些人总在两个极端之间徘徊。

最后要说的是，父母当然不仅仅通过言传对孩子产生深刻的影响，还通过身教产生影响。**孩子们最终会和父母变得相似，尤其是会把相同性别的父母一方作为榜样**。比如一些母亲在女儿面前表现出缺少独立性，害怕自己的丈夫，特别顺从，在情感和经济上都很依赖丈夫。或者父亲在儿子面前几乎没有表现出联结行为，人不在，心也总是不在。那么女儿或儿子也可能会呈现同样的趋向。当然一个总是缺席的父亲也会对女儿产生影响，就像一个非常不独立的母亲也会对儿子产生影响。如果人们想知道自己从父母身上受到怎样的影响，得到了怎样的印记，那就有必要好好分析一下父母起到的榜样作用。

父母的以下行为会伤害孩子的联结愿望：身体和精神缺席，缺少情感温度，缺少共情能力，过于专制，缺少理解，贬低，虐待，忽视。

父母的以下行为会伤害孩子的自主性发展：溺爱，过于专制和压抑小孩的自主性，缺少支持，父母中至少一方有分离恐惧以至于不愿和孩子分离。父母缺少自主性也会树立坏榜样。

原生家庭可能带来心灵创伤

创伤是什么？根据著名的德国创伤研究者弗兰茨·鲁伯特的说法，创伤是当所有自救策略都失效时的一种心理困境。它通常也和危急时刻最大程度的无助相关联。**孩子最早的创伤经历可能来源于父母**，他们经常在不经意间对孩子反复造成伤害。在其后的人生阶段，人们可能还会遭遇暴力、事故或自然灾害等造成的创伤。在童年早期，孩子可能会经历一个从负面印记到创伤的过渡阶段。

创伤会在大脑的杏仁核里留下深刻的印记。往后，它们还会不断地拉响警报,即使造成创伤的原因早已不存在了。比如交通事故和自然灾害都可能造成创伤。许多有过创伤经历的人一辈子都生活在担惊受怕之中。在之后的生活中,当他们看到类似的灾难场景时,会触发创伤记忆,那些恐怖的画面重新浮现。由于这些心理负担,他们会非常容易激动,攻击性很强,神经一直紧绷,无法集中注意力。可以把杏仁核看作一个厉害的守卫,它有次不小心睡过头了,没有把人及时叫醒,因此现在它遇到一点点风吹草动都会拉响警报。这样的情况被称为创伤后应激障碍。

在早期遭受父母造成的创伤后,当事人也有可能强行把这段经历隔离出去,好让自己再也不要想起它们。这种回避型的应激反应让他们免受创伤经历的侵扰。这样他们就能在日常生活中正常"运行"了。但是如果当事人一直压抑这些家庭创伤,它们有可能会传给下一代。

举个例子。一个女孩很小的时候就在战争中失去了父母,在她长大的过程中没人安慰她,没人倾听她的悲伤。她为了在心理上存活下来,就把自己的绝望和困境统统压抑起来,隔离出去。她从来没有真正接受父母的死亡。她把伤心、孤独、害怕、绝望和无助的情绪全都冻结起来了。我们可以想象,当这个女孩长大后成了母亲,有了一个女儿,她必然无法正确处理女儿伤心、孤独、害怕和绝望的情绪,因为她自己的这些情绪入口都被堵死了。当她的女儿像所有小孩子经常会出现的那样,感到伤心的时候,母亲却无法陪伴女儿,包容女儿,因为这首先需要母亲正视自己的悲伤。女儿的悲伤会触发母亲潜意识里的恐惧，她害怕自己会爆发伤心，最终走向绝望。

所以女儿慢慢学会压抑自己脆弱的情绪，让母亲不要难以应对。这样她就失去了自己最重要的一部分——真实性——以便维系和母亲的联结。她承担了和母亲保持良好关系的责任。由于孩子和母亲之间有如此紧密的共生关系，她会不自觉地感受到母亲内心深处的痛苦，承担起让母亲幸福的责任。这样她会变成父母、老师和同伴眼中活泼开朗的人，变成一个从来不会出问题，似乎可以持续"运转"的小孩。

这种印记会作为高等级的关系模式被带入成年生活中。也就是说，她作为成年人也能很好地"运转"，比起关心自己的需求，她总是更关心周围其他人的需求。这对当事人的亲密关系能力意味着什么呢？有两种可能：要么，她会过度适应他人，想尽办法满足伴侣的一切期望。她总是习惯性地去感知他人的需求，但是忽视自己的需求。要么，她会把自己孤立起来，与他人保持距离，拒绝亲密的恋爱关系，因为她不想丢失自我。由于她小时候没有培养出完善的边界，她可能会和外界彻底划清界限。

两种情况下，当事人都丧失了自己内心的一部分。她失去了通向自己情绪的重要通道，也缺少自我理解的能力。她的内心小孩通过过度适应他人或自我孤立来保护自己，但她没有认识到，她现在已经长大了，可以拥有自己的生活了。

还有第三种情况，当事人"可能会陷入爱的幻觉中"，鲁伯特如此形容。比如这位女儿可能会深陷一段不幸的感情中，误以为这种依赖的感觉是爱。她的内心小孩经历了——正如她母亲以前经历过的——一种共生状态，认为自己有责任让别人幸福，但是感受不到自己的愿望。只要她不觉醒过来，意识到自己是在某种"自动运转模式"下行动，她就无法确认自己真正的想法和对自己有利的事情。她无法真实地生活，因为她的人格永远只有一半是清醒在场的。

这听起来或许有些吓人，所以我想补充一下，哪怕这些印记体现了刻骨铭心的创伤，它们也是可以治愈的。这里我希望你先仔细思考一下自己的关系模式，原生家庭中的哪些生活状况可能对它产生怎样的影响？你的原生家庭是否存在有可能影响你后续发展的创伤？

重新审视你的童年和你的父母

以我自己多年心理咨询师的经验来看，要诚实、带有批判性地看待自己的童年和自己的父母，对一些人来说是非常困难的。所以在此再强调一遍，我并不是让大家把现在出现的问题全都归咎于父母，而仅仅是让大家理解自己的印记和条件反射。缺少这些理解，人们就无从了解自己；而不了解自己的印记，改变也无从谈起。

我认识不少中年或者老年人，他们刚刚开始正视自己童年真正的样子。他们告诉我，自己很久不曾想起童年过得有多么不幸福了。回忆童年时，他们想到的总是一些美好的时刻和画面，他们长久以来坚信自己的童年很美好。但当他们开始进一步挖掘时，才发现自己内心时常感到寂寞，不被理解，或者自己完全忽视了自身的需求，只是为了不打破那些美好的时刻，并且让父母的做法合理化。回顾过去，那个所谓美好的童年其实只是自我欺骗。通过正视真实的过去，人们可以和自己和解，发展自身的心理模式。他们也可以勾画出其他更加符合当下、符合成年人现实的心理模式。通过这种新的内心调节，他们会转变自己的行为，让自己的亲密关系放松一些，让自己的生活过得幸福一些。

  为什么对很多人来说，用批判的眼光看待自己的父母很难？原因在于，我们在小的时候已经证实了父母永远是好的和对的。我们依赖父母。作为小孩，当我们要承认父母做错了或者做得不好时，我们会感到很无助，有种被欺骗的感觉。如果一个四岁的小孩被父亲打了，他会这样合理化这种行为："爸爸是对的，我做错了！"而不是："爸爸太凶了，我做得完全正确！"从这里可以看出，对小孩子来说，要承认自己依赖的父母是无能的，会让他们在心理上觉得受到了威胁，他们在认知上也还没有能力脱离父母做出道德判断。他们看不到整个全貌，他们的观点是："我还小，你是大人，很强大，所以你是对的，我是错的！"

  内心小孩经常觉得——除非有负面的童年印记——成年人也经常觉得，**其他人是对的，只有自己在某一方面做错了**。如果我们认同自己的内心小孩心中比较弱小的那一部分，那么我们作为成年人，内心还是觉得自己是小孩，很少和其他人处于同一水平上。在这个"黑客帝国"（"内心模式"的同义词，也是同名电影的隐射）中，我们总想依赖其他比我们更会做决定、更明辨是非的人。

出于这个原因,很多人一生都没有为自己建立起坚实的基础,他们需要一个强大的人来为自己指引方向。除非他们反思自己的印记,否则他们会一直被束缚其中。他们很容易高估同伴的地位,因为他们坚信:"你很强大,我很弱小!"这种拔高经常会很快变成对同一个人的贬低。我们常常突然贬低自己之前认为很厉害的人,就是为了将他们拉回到和自己同一水平线上。

总是处于弱势地位、依赖他人的人,大部分都没有脱离他们的父母,因为他们的内心小孩非常害怕松开妈妈的手。他们的自主能力发展得太慢了,他们的潜能只开发出了一部分。这样他们会一直完美化自己的父母。这种情绪会一直困扰他们,所以他们坚信自己的童年是美好的。要想用批判的眼光看待父母,就需要和父母拉开一定距离,就是说,必须至少从联结中松开一小部分。这种行为让一些人恐惧,他们的内心小孩太弱小了,总是觉得自己必须要依赖他人。而且他们爱自己的父母,认为自己有责任对父母保持忠诚。若是要他们批判地看待自己的父母,他们会马上感到有负罪感。在一些案例中,这种灵魂上的冲击太过强烈,甚至到了创伤的程度,他们会启动一些类似应激反应的程序来防止自己感受到伤害。这种机制会保护当事人免受巨大的心理伤害。

接下来,我们会了解自己的联结模式和自主模式。我想鼓励大家尽可能诚实地面对自己的过去,以及自己的父母。一开始这可能会很痛苦,但也是释放多年情绪、建立新状态的大好机会。另外,这也有助于大家发现父母真正好的一些方面,认可并感激他们。你也需要了解，你的父母也有他们的父母，也受到了上一辈的影响。当父母犯了错——所有的父母都会犯错——他们通常不是故意要伤害自己的孩子，而是他们缺少对自己教育的反思，没有一直追根究底。所以我们需要不断反省，以免再次把自己负面的印记传递给孩子，不要让他们无意识地受到周围人的影响，这是至关重要的。当我们学会了更好地思考，这不仅仅是通向自我幸福的黄金大道，也会让我们成为更好的人。请大家与我一同发掘自己的关系模型吧。

找到你的联结和自主模式

建议你在本书接下来的部分配备一个记事本，这样你就可以完成接下来的练习，并记录你的更多感受、想法和经历。把它看作你个人的回顾手册。这也是我推荐给我的来访者的。在书写的过程中，思考会变得更加全面。如果你觉得写起来太麻烦的话，当然也可以只是阅读这些练习。但是如果你可以花一点时间把自己的想法和感受写下来，更加积极地做这些练习的话，效果肯定会更好。

找到你的联结模式

第一步：你和父母的联结质量如何？

练习1：识别你和父母的联结

请拿出你的回顾手册，记录下在你的童年时期（0-10岁），你的父母是否满足了你的联结愿望，他们做得如何。如果你不是和父母一起长大的，请记录下你的照顾者在这个问题上的表现。分别写出你的父亲和母亲（每个照顾者）的情况。如果你除了血亲之外还有社会意义上的父母（继父/继母），你也可以把你生活中所有起到重要作用的人全部记录下来。

为了完成这一任务，请感受你的内心，回忆你的童年，或许某个特定的场景你还记忆犹新。如果你对童年早期几乎没有什么印象了，这说明你的童年并不美好。相比于美好的童年，人们总是倾向于忘掉不好的童年。如果你对早期童年的印象很少甚至完全没有印象了，请回忆之后的时期你和父母的交往，你可以问自己：我父母后来是这样的人，那他们在我小的时候可能是什么样的？

为了帮助你完成这项任务，我收集了一些正面和负面特征的清单，它们可以帮助你完成对父母的描述。此外，前面举例的尤利娅和罗伯特也会在接下来的练习中出现，帮助你回忆自己的情况。尤利娅会出现在联结主题的练习中，罗伯特会在自主性主题中做"示范"。

请问问你自己：妈妈/爸爸是……

正面联结特征：亲切的、关爱的、有同理心的、偏向我的、支持我的、温暖的、强大的、温柔的、赞许的、可预测的、可靠的、脾气好的、稳定的……

负面联结特征：无情的、冷酷的、自私的、漠然的、要求过高的、缺少理解的、没有同理心的、非常专制的、疏远的、没有兴趣的、攻击性强的、虐待性的、危险的、压力大的、容易激动的、变化无常的……

尤利娅的例子：

妈妈：老是不在家。亲切的，在家的时候非常关心我。

爸爸：老是不在家。在家的时候大多数情况下很亲切，偶尔压力大，容易激动。

第二步：在你家，哪些情绪允许存在，哪些情绪不受欢迎？

练习2：你的父母如何处理情绪？

现在请写下：在你家，哪些情绪允许存在？你的父母可以很好地处理哪些情绪，哪些情绪他们处理得不好？你被允许感受到哪些情绪，哪些情绪是他们不希望看到的或者有特别高的要求？

积极的情绪：开心、自豪、爱、喜欢。

消极的情绪：伤心、无助、羞愧、嫉妒、恐惧和愤怒。

你有没有因为父母不喜欢某些情绪，偶尔感到孤单和不被理解？

尤利娅的例子：

当我哭着请求妈妈不要这么快又走的时候，她总是很僵硬，很决绝。我觉得她完全被我的悲伤压垮了，不知道该怎么回应，因为我激起了她心中强烈的负罪感。伤心也是她从来不会表现出的一种情绪。她一直表现得很强势，虽然她内心也许根本没有这么强大。她完全没办法处理那些"脆弱的情绪"，比如羞愧、恐惧和无助。当我表现出这些情绪的时候，她会感到很无助。我觉得，每当这个时候，她会感到自己不是一个好母亲。所以我也慢慢学会了不再表达这些情绪。直到今天，脆弱的情绪还是会让我感到难堪。与之相反，母亲很擅长处理积极、强大的情绪，她会向我展示自己有多爱我。即使我哭的时候，她也是爱我的。

爸爸可以处理好积极的情绪。他一直向我展示自己有多爱我，他为我感到骄傲。当我伤心的时候，他比妈妈更容易理解我。他会安慰我，给我打气。但是我不能朝爸爸发脾气，否则他总是会很快失控。我一生气就会马上点燃他的怒火，然后我们就会激烈地吵起来。

你可以处理好哪些情绪？你觉得哪些情绪是你压抑太久或者释放太多的？请记录下来。

尤利娅的例子：

我允许自己：开心、喜欢、爱。

我觉得自己太容易表现出害怕了，尤其是容易表现出害怕被抛弃。

我经常压抑自己的愤怒。

> 我会为自己出现脆弱的情绪而感到羞愧,比如伤心和无助。从妈妈那里,我学会了自己必须要保持强大。

第三步:你在家里扮演什么角色?承担什么任务?

练习3:你的家庭角色是什么?

思考自己是否在家庭中扮演着某种特定的角色,是否需要完成某些特定的义务。这种角色往往是因为孩子具有某些特定的特质而形成的。比如要是孩子很胆小,很敏感,大家就喜欢说他是家里的"小心眼"。也许大家完全没有恶意,但这样的描述会影响他自我形象的塑造。

有些小孩的家庭角色或任务是必须要强大。比如因为母亲很软弱,孩子就必须对她负责,让自己变得强大、活泼,好让可怜的母亲不再担惊受怕。再比如有一个孩子从出生起就一直生病,因此父母一直对他倾注了所有的关心,另一个孩子就决定自己不要再给父母添麻烦。还有一些父母会善意地希望自己的孩子强大、自信,孩子就会在潜意识里认为不流露出软弱是自己的责任。相反,另一些小孩感受到自己的任务是必须要让妈妈过得幸福,因为妈妈经常很伤心。有些小孩觉得自己必须让妈妈和爸爸在一起,因为他们总是吵架,小孩害怕他们会离婚。

> 仔细想想，你在家庭中有没有担任某种特定的角色，或承担某个特定的任务？请记录下来。
>
> **尤利娅的例子：**
>
> 我经常扮演"小姑娘"的角色，让爸爸妈妈看到我多么需要保护，好让他们留下来陪我。另一方面，我又需要表现得强大，尤其是在妈妈面前。我总是在试着表现好这两面。

第四步：找到你的信念。

信念是埋藏在潜意识深处的，我们对自身、自我价值和亲密关系的看法，它们来源于我们在这个世界上的经历，尤其是出生后头几年和父母在一起的经历。信念相当于我们自尊心的编程语言。重要的是，父母一般无法通过主观意愿让孩子形成自己想要的信念，只能通过在孩子面前言传身教，让他们了解这个世界。如果父母在照顾孩子的时候表现得很有爱，孩子就会形成积极的信念，例如："我是被爱着的""我很受欢迎""我很重要"，等等。相反，如果他总是感受到拒绝和情感上的冷漠，他就会形成诸如"我不重要""我很孤单""没人喜欢我"之类的信念。信念很容易形成，因为我们的潜意识很擅长把各种印象分类。这些信念就像我们内心的某种程序，帮助我们理解整个现实世界。它们是我们内心小孩的核心组成部分，会延续到我们成年生活中。它们在很大程度上决定了我们如何感知、感受、思考和行动。

练习4：你的联结信念、爱情信念和家庭信念

请思考你在联结、爱情和亲密关系方面有哪些信念。你可以先回顾一下前三步中收集到的关于你自己和你父母的信息，想想它们对你产生了怎样的影响。为了帮助你找到自己的信念，我收集了一些积极和消极的信念。这当然不够全面，所以请你自由地写出自己的想法。

可能出现的一些提升你和父母之间联结的积极信念：
- 我很好。
- 我有能力。
- 我是被爱着的。
- 我很重要。
- 我很有价值。
- 我可以做我自己。
- 我很受欢迎。
- 有人关心我。
- 我可以有消极的情绪。
- 我可以保护我自己。

……

可能出现的一些消极信念：

1. 直接和自我价值相关的一些信念：

- 我没有价值。

- 我没有能力。

- 我不敢做任何事。

- 我不该活着。

- 我不重要。

- 我是个负担。

- 没人喜欢我。

- 我早晚会被抛弃。

- 我有罪。

- 我很无能（弱小、无助）。

……

2. 可以解决和父母之间问题的一些信念（自我保护机制）：

- 我必须符合你的期望（正常运转，保持完美）。

- 我不能有消极的情绪（不能哭、不能愤怒等）。

- 我必须适应他人（委曲求全，不能有自己的意志）。

- 我必须强大。

- 我必须让你幸福（我要对你的幸福负责。）

- 我不能让你失望。

- 我不能和你分开（必须陪在你身边）。

> ……
>
> **尤利娅的例子：**
>
> 我没有能力；我像是被抛弃了；我很孤单；我必须保持完美；我不能让你失望；我必须适应他人，必须顺从。

从尤利娅的信念中，大家可以看出她脆弱的自尊心（我没有能力）和由此发展出来的自我保护机制之间的关系，即：我必须完美；我不能让你失望。这些保护机制想从信念那里夺取力量，以此补偿受伤的自我价值。

或许你已经通过这个练习找到了许多信念，可能比尤利娅还多一些。通常，这些信念显示了某个主题的变体。比如对尤利娅来说，她害怕孤独，害怕被抛弃。她的几乎所有信念都和她对于被抛弃的恐惧相关。比如说她必须完美，这样才不会被抛弃。她必须满足他人的所有期望，以便获得对方的喜爱。她必须适应他人，必须顺从，以便不被抛弃。但是另一方面，她内心的信念系统总是觉得自己迟早要被抛弃，并且自己对此无能为力（因为她的父母总是不断地把她留在家里，小尤利娅对此毫无办法）。在这里我提到对于被抛弃的恐惧，是为了说明信念和情绪之间的联系有多么紧密。后面我会更详细地讨论这个问题。

> **练习 5：找到你最核心的信念**
>
> 我们希望减少你核心层面，即所谓的核心信念中的消极信念。现在再回顾一遍你找出的所有信念，思考哪些是你最常感受到的、最困扰你的问题。找出最少一条、最多三条作为你的核心信念。
>
> **尤利娅的例子：**
> 我被抛弃了；我做得不够好。

第五步：识别你的情绪。

要想理解你内心的小孩，识别自己的情绪是很重要的一步。因为是情绪决定了我们是做一件事情还是放弃它。信念一开始只是想法，想法并不具备强大的力量促使我们做一些事情。每个人都知道，一些有害、不健康或者错误的想法，不会促使我们一定去做或不做某些特定的行为。不然的话世界上只剩下那些每天饮食健康、规律运动的理智人了，各种嗜好也都不存在了。是情绪，加上我们的想法和信念，才决定了我们做或者放弃某事。在心理学中，这也称之为接近—回避行为。是情绪告诉我们，我们是要接近一个东西，还是回避它。你的信念触发了你内心的情绪，虽然通常情况下你并没有感受到。识别出你的情绪非常重要，因为只有这样，今后当你被内心小孩，即你的信念系统控制的时候，你才可以及时注意到它。

　　首先请有意识地感知：你的信念触发了你的哪些情绪？如果感受这一点很难，请回想一下你和伴侣或前任的某次冲突，你知道，当时你受伤的内心小孩肯定参与进来了。这次冲突唤起了你怎样的情绪？哪些情绪是你非常熟悉的？你可以把这些情绪和你的信念联系起来吗？注意你情绪的身体表达，比如：胸痛、肚子痛、心跳加速、喉咙发紧等。如果你只有身体层面的感受，比如压迫感，那么再问问自己：这种压迫感有什么情绪上的名字？它是和恐惧相关，还是来自于要适应他人的压力？

　　在我们的情绪层面上起到核心作用的总是对于被抛弃、被拒绝的恐惧。它们和我们的自我价值感紧密相连。通常，这种恐惧是因为感受到自己不够好的信念触发的。比如很多人以多种形式感受到自己的信念："我没有能力！"他们对于被抛弃的恐惧深重，因为他们的内心小孩不相信自己——像其实际的那样——受人喜爱。他们经常害怕被拒绝，因为这反过来会证实他们认为自己不够好的想法。事实上，自我价值完备的人也有这种恐惧，因为这种恐惧是人类的天性，它让我们产生了提升自我的需求和羞耻感，让我们融入集体。但是过于陷入自我怀疑的人，被这种恐惧控制得太严重了，无法挣脱。

　　另一些情绪是所谓的次级情绪，是由失去—拒绝恐惧产生的。比如当我被别人拒绝时，我感到羞愧。当我失去了一个重要的人时，我很伤心。当我面临失去的威胁时，我会嫉妒。愤怒也是面对拒绝或者失去的一种常见的情绪反应。为了压抑内心深处的悲伤，我们经常逃向愤怒，让自己远离失去或者拒绝。愤怒是一种强大的情绪，而悲伤是一种脆弱的情绪，所以相比悲伤，我们更愿意表现出愤怒。

另一方面，也有些人会压抑攻击性，在需要发泄怒火的时候感到伤心。我经常遇到这样的来访者，他们告诉我，伴侣对自己有多不好，伤害、侮辱他们，不忠等，自己对伴侣的行为又感到多么伤心。当我问到他们是否对伴侣的这些行为感到愤怒，他们通常会表示否认。但实际上在这种情况下，愤怒才是更加合理的情绪。这些来访者——女性多于男性——总是站在联结这一端，他们从小就学会了要压抑自己的愤怒，以便维系和父母，之后是和伴侣的联结，不要破坏它们。其实他们需要表现出攻击性，不要害怕分手。他们应该让自己活得恣意一些，或者干脆结束这段关系；而不是为了维持和伴侣之间的联结，牺牲了自己一部分自主性，压抑了自己的愤怒。

练习6：认识你的情绪

请写下你在恋爱关系中经常感受到的情绪。哪些情绪对于改变你那个难搞定的伴侣最有效？或者，哪些情绪让你和伴侣更加疏远？你害怕什么？你最想要的是什么？

> **尤利娅的例子：**
>
> 我特别害怕被抛弃，因此总爱嫉妒。这些经常让我感到自己很没用。我最想要的是爱和联结。

第六步：总结。

现在你发现了自己联结模式中最重要的内核，建议你再梳理一遍，这样你才能完全清楚地理解自己的模式。

> **练习7：总结你的联结模式**
>
> 再和你的情绪做一次内心交流，回顾之前的步骤，试着总结你自己的模式。把它写进回顾手册里。
>
> **尤利娅的例子：**
>
> 爸爸妈妈经常不在家。我总是感到巨大的孤独。我经常觉得很愧疚，因为我不是一个勇敢的小孩。直到今天，我还是觉得自己不够好。这当然不对，但我就是这么感觉的。我的内心小孩，小尤利娅，对孤独有巨大的恐惧。我总是需要一个人陪在我身边。我强烈地向往爱和联结。为什么我偏偏要找罗伯特，这个总是把我晾在一边的男人？或许是因为我在他身上看到了强大和独立的特质，这正是我缺少的。我觉得他会保护我，以某种方式关

心我。但我真是完全想错了。他触发了我对于被抛弃的恐惧，我不得不想尽一切办法控制现状，做出一切可以让他喜欢我的事。但实际上他表现得这么疏远可能跟我毫无关系。或许是因为他的内心小孩跟我完全不同。这可能和他控制欲超强的母亲有关……

找到你的自主模式

现在来了解一下你的自主能力，看看你的父母是促进还是限制了你的自主能力发展，或者他们太早要求你有太多的自主性？

第一步：父母在多大程度上满足了你的自主需求？

练习8：父母允许你发展自主性吗？

请再次分别写出你的父母（照顾者）有多支持你独立，还是他们和你联结得太紧密了，又或者你太早就独立了？这些你都可以写下来。同样，我会列出一个特征清单，帮助你回忆父母是如何影响你的自主性发展的。

妈妈/爸爸……

正面特征：很支持我；教会了我很多；让我相信自己的能力；当我害怕挑战时给我勇气；相信我；当我一个人无法

胜任的时候帮助我；支持我，不会催促我；我可以毫无负罪感地离开他们；我可以表达并且通常可以实施自己的想法；我可以生气……

反面特征：忽视我；经常把我一个人留在家里；对我要求太高；非常专制；什么都知道的比我多；很少教会我什么东西；不支持我独立完成事情；禁止我做很多事；帮我做了太多决定；他们的爱太多让我压力太大，喘不过气；对于我的未来有严格的规划；不能接受我生气；过度保护我；和我联结得太紧密了；我不能离开他们；太需要我，所以我需要一直考虑他们；老是只顾忙自己的事情；虽然很爱我，但总是不在我身边；放任我做一切事情——我好像总是比父母强大很多。

罗伯特的例子：

妈妈对我非常溺爱。她让我压力很大。当我让她一个人在家时，我总是感到内疚。她太需要我了。我既爱她又恨她。

爸爸没有在妈妈面前保护我，他丢下我一个人。但他还是教会了我一些事情，要求我独立。他应该多阻止一下妈妈的，这样我就不会一直受她控制了。

第二步：父母在独立方面给你树立了什么样的榜样？

练习 9：父母允许你发展独立性吗？

回想一下，父母，尤其是和你性别相同的那一方，在自主性和独立性方面给你做出了怎样的榜样？他们是很自由，很有自己的想法；还是很依赖他人，适应他人？他们是否自主性太强，经常身体或心理上不在家，和整个家庭保持距离？

罗伯特的例子：

妈妈：非常不独立。总是黏着我，因为爸爸很少陪她。她没有勇气和爸爸离婚。她在情感和经济上都很依赖他。

爸爸：总是在忙自己的事。只关心自己，几乎不关心身边的人。他经常留下妈妈一个人在家，对我也是这样。他独立的方式很自大。

第三步：你的父母怎么处理你的怒气？

攻击性，即愤怒和生气的情绪，非常重要，它们让我们和他人保持距离，找到自己要走的路。有些人攻击性太强，另一些人却完全无法表达自己的怒气。两者都对当事人的自主性经历和行为有负面影响。在心理学上，我们将其区分为被动攻击性和主动攻击性。主动攻击性大家一眼就能识别出来：大声地争论、抗拒、争吵、叫喊、打斗。被动攻击性则表现得比较隐蔽。当事人通常难以直接表达自己的攻击性，而是被动地攻击别人。他们不会直说自己想要什么，不想要什么，而是犹疑不决，一直处于封闭自我的状态。被动攻击性的表现有：沉默；拖拖拉拉，做出承诺但不执行；"忘记"承诺过的事；让别人难堪；和他人保持距离；固执地做自己的事情，不会寻求和解。

用积极的方式自主生活的人可以表达自己的愿望，坚持自己的立场，为自己辩护，和他人讨价还价。他们有建设性地使用攻击性能量。对周围的人来说，他们是可以理解的，一目了然的。而那些主动攻击性太强的人，太执着于权力，专制、高要求、好斗、太大声、缺少规划、固执，过分争夺他们的自主性和需求。

被动攻击性的人其实在塑造自己独立性的时候也非常渴望权力；只是他们像一堵厚厚的"城墙"，固执地埋头于自己的事情，很少言语。他们在和伴侣沟通或者做出口头承诺后也不会做出任何改变。极度固执的人甚至连口头承诺都不会做。还有一些人会通过抱怨诉苦来控制同伴。他们总是抱怨、哭哭啼啼，想用这种方式让其他人和伴侣关心他们。这样的人大多是女性，这种方式对她们来说很有效，当然也有一些男性会这样做。

练习 10：你能不能发火，能不能有自己的想法？

请思考一下，你是如何追求自己的利益，满足你的个人需求的？你的父母是怎样对待你的意愿的？你可以有自己的意愿吗？

你可以发火吗？你的父母在追求自身利益方面给你树立了怎样的榜样？请写下你的父亲和母亲分别会怎样处理你的和他们自己的愤怒。

罗伯特的例子：

妈妈总在哀叹。她用自己的软弱和对我的需求控制了我。其实她从来不会愤怒，只会失望。这更让人受不了，她还不如直接发火呢。我必须压抑自己的怒气，这样才能让妈妈放心。要是我发火，她的眼泪直接就掉下来了。然后我马上会感到内疚，变得"心软"起来。直到如今，当我和尤利娅在一起，她很伤心，要求更多亲密的时候，我就会想到这些，会产生和小时候一样的感觉，会感到窒息。

爸爸是被动攻击者，典型的"城墙"。他固执地埋头于自己的事情，不理会妈妈长久的哀求。他逃到工作和自己的爱好里面。现在想想，我也正是这么做的。天呐！

第四步：找到你的信念。

关于联结和关于自主性的信念之间有很多交集。也就是说，在计算信念的时候会有重复。这是因为，自主性和联结是交互发展的。如果一个孩子的联结需求被父母严重伤害了，他可能会发展出这样的信念："我必须独立完成任务！"由于他缺少联结，在他人身上几乎没有感受到信任,他只能通过发展自己的自主性来解决问题,也就是说,他在潜意识里下定了决心,自己必须独自搞定一切难题。

现在思考一下你在自主性方面的信念,看看这些信念是不是和你在联结方面的信念一样。

练习 11:你在自主性方面的信念

基于你的父母满足你自主性需求的方式,你发展出了怎样的信念?

1. 自主性方面的积极信念

- 我可以做好这件事。(我可以自己完成任务。我很强大。)
- 我可以保护我自己。
- 我可以有自己的意愿。(我可以做自己。)
- 我长大了,我很独立。(我可以控制现状。我可以施加影响。)
- 我和其他人是平等的。(我有相同的权利。)
- 我可以离开父母。(我可以做自己的事。我可以让你失望。)
- 我可以生气。(我可以感受自己的情绪。)

……

2. 自主性方面的消极信念

- 我做不好这件事。(对我的要求太高了。)

- 我什么都不会。(我还没有长大。我需要帮助。)
- 我处于劣势。(我很弱小。我是失败者。我需要依赖你。)
- 我被抛弃了。
- 我很软弱。(我很无助。)
- 我比你厉害。(我比你强大。我是强者。)

……

3. 形成保护机制的信念

- 我必须和他人保持距离。(悄悄离开,藏起来……)
- 在你面前我必须有所防备。
- 我不能让步。
- 我必须一直是小孩。
- 我不能离开你。
- 我不能说"不"。(我不能和他人保持距离。我不能有自己的意志。我的愿望不重要。)
- 我必须独自完成这个任务。(我不能相信别人。)
- 我必须和他人保持距离。(我必须不让别人看到我。)
- 我不被允许保护我自己。
- 我必须顺从。(我不能生气。我不能让你失望。)
- 我必须维护自己的控制权/优势/权力。
- 我必须赢。(我必须是最厉害的。)
- 我必须战斗。

> ……
>
> **罗伯特的例子：**
>
> 消极信念：我很软弱。我需要依靠你。
>
> 形成保护机制的信念：我必须处于顺从的地位；我必须和他人保持距离。我必须把自己锁起来。

练习 12：找到你的核心信念

请集中注意力，找到你在自主性方面的核心信念。需要提醒你的是，它们应当是你印记中的核心主题。例如对罗伯特来说，一切都是因为他不能失望，必须处于顺从的地位（这点是他从母亲那里学会的）。所以他的解决方案是（他的父亲成了榜样）：我必须把自己锁起来。

请再回顾一遍你的自主性信念，思考哪些对你来说是最重要的。记下它们。

罗伯特的例子：

我不能失望；我必须处于顺从的地位；我必须把自己隔离起来。

第五步：识别你的情绪。

练习 13：认识你的情绪

在找到了自己的核心信念之后，请感受一下，当你想到自主性和自由的时候，会产生怎样的情绪？你也可以想想现在的（或者之前的）亲密关系，问一下自己，哪些是你心中反复出现的典型消极情绪？你出现的哪些情绪对你的亲密关系是有压力的／毁灭性的？

回忆一下这些情绪给你带来的身体感受。比如在自主性方面，很多人会感觉有压力（在胃里、喉咙里、肩上……），它们展现了你承受的适应他人的压力。

在自主性方面，负罪感、愤怒和抗拒这些情绪起着重要的作用。自主性被严重限制的人，从小就被要求背负太多的责任，要对父母中的一方负责，他们总是有负罪感。即使成人后，他们内心也感到要完全对对方的情绪负责。这种沉重的责任又经常衍生出抗拒和愤怒的感觉，因为他们内心想要抗拒这种责任和负罪感。由于被自主性破坏了内心平衡，他们在处理同伴的期望时会出现很严重的问题；他们尤其会很情绪化地对待伴侣的期望。他们内心的小孩一直有种感觉，应该要老老实实地满足所有人的期望；于是他们偏要反其道而行之。

用笔记录下你的情绪。

罗伯特的例子：

适应他人的压力，对于被拒绝的恐惧，压抑、窒息的感觉，负罪感，愤怒和抗拒。

第六步：总结。

练习 14：总结你的自主模式

请再总结一下你关于自主性方面的想法、感觉和理解，这样你就能完全了解自己的自主模式了。再回顾一遍本节练习，可以帮你找到重点。

罗伯特的例子：

妈妈的爱太强烈，让我窒息。我对她有强烈的负罪感，我必须一直陪在她身边（现在是尤利娅）。这让我感到非常压抑，我必须马上抗拒，做出反抗的行为，也就是把自己同她们隔离开来。因此在和尤利娅的关系中，我总是追求自主性，虽然尤利娅根本不是我的母亲，她其实并没有特别束缚我。客观地看，她对我的期望都是合情合理的。

认识你的阴影小孩

阴影小孩是内心小孩的负面部分

什么是阴影小孩?他是你内心小孩中被父母伤害过,留下负面印记的那一部分。**你在联结、自主性和自尊心方面的所有负面印记都可以归入阴影小孩的范畴中。**负面印记阻碍了你在亲密关系中获得幸福。

每个人都会有负面印记,因为没有完美的父母,也没有完美的童年。每个人心中都有一个阴影小孩。阴影小孩是一个便于我们理解的形象比喻。读过我的《给内心的小孩找个家》的读者已经了解这个概念了。而本书的重点是帮大家了解自己的联结和自主模式。其中有问题的部分展现出了你的阴影小孩。你在自主性和联结方面的童年负面印记,都可以被归入阴影小孩。你可以只是在内心思考这个问题,或者像下面例子中的尤利娅一样,把它们写在纸上,这样就能清晰、具体地理解他了。

和阴影小孩相对的是太阳小孩。他象征着我们的积极印记,以及我们作为成年人形成的所有积极特征。太阳小孩是需要我们努力达到的目标状态,后文会详细分析。

练习1：画出你的阴影小孩

如果你真的想要好好想象你的阴影小孩，你可以首先把他形象化。这个练习很简单，也很有效，因为你可以一眼看出自己的童年印记。我推荐每个人都做一下这个小小的练习。你需要在一张A4纸或更大的纸上画一个小孩的轮廓（见本书前环衬）。

接下来，请在左边和右边分别写下小时候你对父母（照顾者）的称呼，比如妈妈和爸爸、妈和爸、妈咪和爹地，或者其他的任何称呼。在下面记录下关键词：你的父母/照顾者表现如何，你作为小孩是怎样和他们相处的？可以以你在上一节练习中所做的描述为基础，再总结你父母在联结和自主性方面的最重要的负面特征，正面特征我们留到太阳小孩的部分再写。

尤利娅的例子：

妈妈：经常不在家，处理不好我的脆弱情绪，不能好好安慰我。我必须很坚强，不能哭。

爸爸：经常不在家，有时候容易激动。

然后把你找到的关于联结和自主性方面的消极核心信念写在阴影小孩的胸口上。最多不要写超过5条。

> **尤利娅的例子：**
>
> 害怕被抛弃，嫉妒。
>
> 我会被抛弃；我做得不够好。
>
> 在阴影小孩的肚子上写下你在联结和自主性方面的消极情绪。

当你把一切都记录下来后，你就有了自己阴影小孩的图像，也就是那些在亲密关系中反复给你制造问题的印记。减少这些印记，就能减少相关的信念和情绪。为了不必持续感受到这些恼人的情绪和消极信念，或者为了补偿我们感受到的渺小无力，我们——作为小孩——已经发展出了保护机制。这些保护机制往往已经变成了我们的信念。例如"我必须可爱，必须听话""我必须完美"，或者像罗伯特"我必须把自己隔离起来"。通过控制我们的行为，保护机制给我们的亲密关系造成了最严重的负担。

接下来我会再探讨一下，我们如何感知和构建我们的现实，而阴影小孩又是如何影响这一过程的。了解你的信念在多大程度上影响了你的感知、思想、情绪和行为，这一点非常重要。只有了解你的内心模式，即你的阴影小孩，你才能客观地看待他，更好地控制你的思想和情绪。

阴影小孩不是真实的你

"我坐在雪橇上,看着周围的景象从我旁边飞驰而过。我无法控制雪橇,它嗖嗖地一个劲直往下冲,穿过树枝和石头,我必须死死地抓着雪橇,整个人已经吓呆了。突然前面出现了一个很深的山谷,我的面前是万丈深渊。我处于绝望的无助之中,无法刹车,我知道自己就要完蛋了……"

这差不多就是我在巴伐利亚电影工厂体验 4D 动画雪橇滑行时的感受。3D 效果是通过 3D 眼镜生成的,再加上人们坐的椅子会随着雪橇滑行同步晃动,就成了 4D。另外旁边还有风吹过来。这种坐在雪橇上的幻觉太逼真了。幸好这种体验只持续了 5 分钟就结束了,当时我想到:就是这样的!当我们觉得阴影就是我们自己的时候,我们就进入了主观视角之中,我们相信自己想到和感受到的一切都是真的。我们陷入了自己个人的 4D 影院之中。如果我们想要从这场电影中跳出来,我们必须转换到旁观者视角。只有这样,我们才能意识到,我们确实是坐在电影院里,我们看到的只是屏幕上的投影。

这具体意味着什么?当你认为阴影小孩就是你自己的时候,你就真的相信自己做得不够好,或者伴侣的期望真的要把你压垮了。你相信自己的信念——这也是为什么它们可以叫做信念。但事实是,**它们至少有一部分只是由于你父母的过高要求而形成的强制印记**。如果你的父母不是那样——不管是在好的还是不好的方面——你也许会发展出不一样的信念。就是这么简单。信念反映出了你父母的亲密关系能力和教育能力,而不是客观现实或你的人格。只要你站在旁观者视角,用你清晰的理智(但愿你有),你就能感受到这一点。

在旁观者视角,你可以站在外部观察你自己。你会完全不带情绪地、纯粹理性地看待自己,评判事实真相,就像你是审判自己案件的法官一样。也许你现在就想试试看了:想象一下,你完全站在外面,从那里可以看到你所有的个人印记,判断和它们相关的信念和情绪是不是真的合理。如果你和父母之间的关系改变了,你的个人印记可能会变得完全不一样,所以说它们和你是一个什么样的小孩完全无关。想象一下,如果你的父母表现得和现在完全不同,你会马上发现:你的阴影小孩肚子上的信念马上就变了。**阴影小孩展现了父母行为和孩子发展之间的转换游戏,他不能展现你真正的性格。**

理智根植于我们的大脑皮层中枢中,而情绪位于大脑边缘系统,尤其是在杏仁核——一个从生物发展角度来看更古老的大脑部分。相比情绪,理性工作起来更缓慢,但是更缜密。这一点给我们的行动带来了明显的影响:当我们感到恐惧时,情绪迅速出现在我们的意识中,主导了我们的行动,因为它要在极端情形中保障我们幸存下来;没有时间让理智深思熟虑。理智面对杏仁核,没有机会发挥作用,至少在恐惧很严重、很强烈的时候没有机会。只有当情绪稳定下来时,才是理智发挥作用的重要时刻。理智是旁观者视角的重要工具。在现代心理学中,我们把用逻辑思考的理智看作我们"内心的成年人"或者成年自我。

借助成年自我，远离阴影小孩

我们的成年自我是最重要的辅助工具，帮助我们和阴影小孩的投射拉开距离。投射指的是我们把自己描绘的内心画面转移到同伴身上。比如说：尤利娅的阴影小孩认为并且感觉到，她做得不够好，她很弱小。当罗伯特对尤利娅保持距离，一直忙着工作或沉迷于他的兴趣爱好时，尤利娅把她的自我画像投射到了罗伯特身上，她以为罗伯特疏远她是因为她不够好，不可爱，不够漂亮。因为这种投射，尤利娅想出了一些解决办法，她试着变得更好，更漂亮，更亲切，以此博取罗伯特的亲近。但这种努力只能让她认为，她就是自己的阴影小孩，相信阴影小孩所感受和认为的一切。

要是她转变一下视角，用成年自我的视角看看这个局面，即转换到旁观者视角，她就会看出来，罗伯特的行为和她本身的价值毫无关系，而是和他自己的阴影小孩相关。不管遇到哪个女人，他都会很快受到困扰，因为他把在自己黏人、控制欲过强的母亲那里获得的经验投射到了所有女人身上。

当我们用成年自我分析尤利娅和罗伯特的行为时，我们可以站在旁观者视角识别出，**在这里并不是两个人成年人在相处，而是两个阴影小孩在相处**。尤利娅的阴影小孩渴望联结和亲密，罗伯特的阴影小孩实际上也渴望这些，但他太害怕被一个强势的女人控制了，所以他很难信任伴侣。罗伯特很少直接感受到自己的联结愿望，但当他向尤利娅敞开心扉的时候，他难得地感受到了。

在日常生活中，**我们往往混淆了从阴影小孩角度出发的感知和从理智角度出发的感知**。我们不习惯分清这两者。我们把阴影小孩的感受看得太重要了，对它信以为真。尤利娅的理智告诉自己，罗伯特在亲密关系中的表现让人困惑。然而她对于被拒绝、被抛弃的恐惧，比她理智上对罗伯特的不满要强烈得多。由于这种情况，罗伯特模棱两可的行为强烈地激活了她的联结系统，尤利娅的恐惧让她误以为这是真爱的感觉。这是一个困局。为了解决这种困局，她必须和她对罗伯特的感觉拉开距离。她不能相信自己的感觉（对于被拒绝、被抛弃的恐惧）是对罗伯特的爱，不能把这种感觉当做自己做决定的基础。

理智也可以很好地帮助尤利娅：刚开始的时候，其实她并没有这么在乎罗伯特。她对他的在意一步步加深，是因为她把罗伯特逐渐完美化了。罗伯特在这段亲密关系中对他们之间的距离问题非常独断，这在尤利娅的阴影小孩眼里显得非常厉害和伟大。如果尤利娅可以绝对，也就是百分之百地站在旁观者视角看待这个问题，她会感受到自己和罗伯特是地位平等的，他不是自己梦中那个遥不可及的英雄，而只是一个在恋爱和亲密关系中有问题的普通人。她可以和他一起面对问题。她会清楚地发现，这不是她能控制的局面，因为罗伯特的感受和行为不在她的掌控范围之内。她可以通过这种角度转变，对罗伯特"驱魅"。我已经多次让来访者体验过站在旁观者视角，突然清醒地看待自己为爱痴狂的样子了。

同样，罗伯特也可以站在旁观者视角，发现尤利娅不是他的母亲，感受到自己不再是小孩，已经长大了，自己的自由是有保障的，不需要通过疏远伴侣来争取自由。他可以通过成年自我消除这种投射。

阴影小孩的保护机制

前面已经说过，尤利娅做了很多努力来让罗伯特喜欢她。这种解决问题的努力可能是一种自我保护机制——至少在潜意识里——努力解决问题，让自己不要感受到消极信念及其产生的让人不舒服的情绪。在某种程度上，它们是对受到打击的自尊心的补偿。当我完全相信自己的信念，认为自己不够好时，我会通过努力把事情做对，甚至做到完美等手段，来让自己变得更好。

除了追求完美，另一种被人们广泛使用的保护机制是追求和谐。有些人的阴影小孩非常害怕遭受拒绝，他们通常会极力避免任何形式的冲突。哪怕内心很想说"不"，他们却总是在说"好"，因为他们的阴影小孩想满足所有人的期望，想让所有人都满意。

也有些人不在意自己的阴影小孩，他们不会刻意表现得乖巧可爱，来博得所有人的喜欢；而是积极争取自己的权利，非常激进地战斗。

保护机制也可以归入联结和自主性的话题中。为了满足联结这一基本需求，人们会采取如下保护机制：追求完美，追求和谐，感到无助和拒绝长大，推卸责任，抱怨诉苦，对购物及其他事成瘾，来努力适应他人。而为了满足自主性这一基本需求，人们会采取的保护机制有：控制欲和权力欲、拒绝和隔离、咒骂、批评和攻击。总的来说，**倾向于联结那一方的人会使用被动的保护机制，适应他人；而倾向自**

主性那一方的人会使用主动的保护机制，获取控制权并斗争。

重要的是，所有人都同时采用联结和自主性两方面的保护机制。我们都尽量避免犯错，都喜欢把责任分摊出去，都想要控制权，这是自主性的主要组成部分。然而我观察到的是，大多数人都会更倾向于联结或自主性的某一方，要么更多采用适应他人的保护机制，要么更多采用自主性的保护机制。女性更常用前者，男性更常偏向后者。这也解释了，为什么女人常向男人抱怨他们不关心自己，而男人则总抱怨女人管得太宽。不过我推测约三分之一的男性更喜欢适应他人，三分之一的女性更喜欢自主性。还有些人在联结和自主性之间变来变去，他们像罗伯特和尤利娅那样，根据不同的关系和关系的不同阶段转换自己的角色，时而被动联结恐惧，时而主动联结恐惧。

如果个人的保护机制太强大，完全掩盖了引发它的根本性问题，就会导致越来越多、越来越严重的问题。自我保护机制阻碍了我们人际关系的发展，因为它们会影响我们的行动。比如当我一直在伴侣身后窥探他，对他施加强烈的控制，他会感到压力很大，爆发怒火。如果我一直追求和谐，牺牲了自己的意愿，我在这段亲密关系中就会越来越不舒服，为了重新获取自我的掌控权，我会想要结束这段关系。追求完美的人一直对自己要求太高，最糟糕的情况下会彻底崩溃。尤利娅不停地向罗伯特抱怨，导致他越来越疏远尤利娅，而这又让尤利娅对他有越来越强烈的抱怨。

如果我们想要提高自己的亲密关系质量，或者想要找到一个合适的伴侣，我们就必须管理好自己的保护机制。下面我先简单介绍一下外向者和内向者的性格特征,以及他们的保护机制。

外向者和内向者的保护机制

我认为,每个人所采取的保护机制是由个人外向或者内向的基因特质决定的。在外向和内向的维度上,有各种各样的性格类型,它们由无数种特征组合而成。一个人更外向还是更内向,在很大程度上是由基因预先决定的。

外向者和内向者的心理结构,是由瑞士著名精神分析学家卡尔·古斯塔夫·荣格首先提出来的。他观察到,人们从两种来源获取能量:和外界的交流,以及和内心世界的交流。因此对外向者和内向者而言,充能方式不同,**外向者通过和他人交流来给自己充电,内向者通过独处来积蓄能量。**通过这两种不同的方式,他们产生了一系列不同的性格特征和行为方式。正面的外向特征主要有:善于交际、健谈、行动力强、有冒险精神、主动性强、善于化解冲突。正面的内向特征主要有:谨慎、注意力集中、独立、安静、分析能力强、共情、善于倾听。

外向者和内向者的大脑工作模式不同。人体的自主神经系统包括交感神经和副交感神经两大部分。交感神经是所谓的行动神经,负责让身体随时准备好战斗或者逃跑;副交感神经是静止神经,负责让身体休息、积蓄力量。自主神经系统是独立运转的,几乎不受意志的影响。外向者的交感神经更加活跃,内向者则更多受副交感神经的影响。因此，外向者比内向者更有"行动"的动力。他们的大脑向往多巴胺这一交感神经系统的信使（神经递质）。他们也更容易受到各种诱惑的影响：美食、酒精、性、赌博和成功都能产生他们极度渴望的多巴胺。外向者需要外界的高频信息输入，才能感受到自己正在运转。外界的刺激让他们感受到兴奋；如果外面什么都没有发生，他们会很快感到无聊。他们中的大部分觉得独处很难。

而副交感神经的信使是乙酰胆碱。如果它的含量过低，内向者的大脑中会产生压力。当内向者接受到的外界输入，尤其是社交类输入太多时，他们会感到局促不安。另外内向者的杏仁核非常敏感。相比获得奖赏，规避恐惧或者寻求安全感的需求对他们来说更加重要。

受多巴胺的影响，外向者比内向者更喜欢追求刺激和兴奋。他们通常更加开心。但是他们也比理性的内向者更加冲动，当他们处于压力下的时候，更容易爆发出强烈的攻击性。外向者的负面特征有：缺乏耐心、攻击性强、肤浅、表演型人格、逃避自我和鲁莽。

当外向者在联结方面的内心平衡被破坏时，他们倾向于积极地争取关注和认可。从积极的角度来看，他们可能向别人敞开心扉，倾诉自己遇到的问题，用这种开放的态度获取别人的同情。自我保护对外向者是一种负担而不是减负。对他们的天性而言，集中注意力和关注是一个巨大的挑战（这点我们在歇斯底里者身上也可以看到）。他们太想表现自己，在和别人交流时太过投入，一直夸夸其谈地吹嘘自己，几乎不想了解他人的情况。在工作和业余生活中，当大家的关注点不在自己身上时，外向者会感到局促不安。于是他们喜欢逃向各种各样的社交活动中，永远都很忙。在自主性方面，他们糟糕的解决冲突的能力和冲动结合在一起，让他们随时处于过度紧张、准备攻击的状态。外向者战天斗地的天性也导致他们总是花太多时间争取一段关系或者某样东西，要过很久才发现自己是在浪费时间。

相反，内向者很难做到以自我为中心。他们容易过度恐惧、在意琐事、被动、退缩、自制、避免交流、过于坚持自己的习惯。相应的，他们的保护机制比外向者更加具有防御性。内向者躲在自己的蜗牛壳或者幻想世界里，对他们而言，外面的世界非常危险。从积极的角度来看，内向者的谨慎可以让他们找到解决问题的合适方法。出于自我保护的需求，他们总是躲进让自己觉得有安全感的环境中去。

亲密关系中的内向者和外向者

当外向者和内向者成为伴侣时，会出现什么样的问题呢？两者显著的区别在于内心处理问题的程序不同。内向者比外向者的反射弧更长，所以反应速度比较慢，这与智商没有什么关系。表现在一段对话中，当内向者被人提问时，会先在内心好好想一想，然后再回答；他在说话前先进行了思考。而外向者会边说话边思考，所以有时候他会迫不及待地表达自己的想法，这一点有利也有弊。

如果一个外向的女人晚上回到家，问她内向的丈夫今天过得怎么样，他会先好好回顾这一天发生了些什么。要是妻子不理解这种慢节奏和不能马上做出回应，就会误以为他是故意在沉默，于是她不再等待丈夫的回答，开始讲述自己一天的经历。这反过来会让内向的丈夫确信：她并不是真的想知道我今天过得怎么样！于是他会觉得有点受伤，躲进自己的蜗牛壳里。

内向者和外向者在进行讨论和亲密关系对话时，他们处理问题的不同速度已经蕴含了诸多冲突元素。 经常是外向者一个人滔滔不绝，因为对内向者来说，要像外向者要求的那样迅速做出反应，太难了。这也可能导致内向者把自己完全封闭起来，而这又会让外向者更加抓狂。在这种情况下，最好是给内向者一些思考的时间，比如说推迟到第二天再进行交流。

相反，内向者会认为外向者太过于冲动。内向者害怕大声争吵，每当外向者开始大声争论的时候，他们会觉得非常过分。他们非常受不了外向者的冲动。所以内向者总是对外向者的冲动不满，无法原谅对方让自己感到不舒服的种种行为。总的来说，**外向者表现出的是主动攻击性，比如争吵和辩论；而内向者会表现出被动攻击性，比如封闭自己和回避。**

如果你不清楚自己属于内向还是外向，可以在我的主页 www.stefaniestahl.de 上做一个性格测试，这有助于你更好地了解自己。此外，这个测试还涵盖了更多特征，最终会形成一个非常准确的性格类型描述。我在《我就是这样！》这本书中提到了很多实用的方法，帮助大家解决亲密关系中的冲突。

联结方面的保护机制

为了满足我们的联结需求，我们需要适应他人，让别人喜欢自己。每个人都会在不同程度上这么做。但是**当适应他人的程度高到要牺牲个人自主性的主导地位时，这种适应性就不是合理的，而是一种自我保护机制。**

大部分人从小就开始形成自己的保护机制。在小时候，他们就发展出了有效的解决问题的办法，来处理和父母之间的关系。这些保护机制会不自觉地保留到他们成年之后，慢慢地发展成所谓的抑制程序，妨碍他们成年后的亲密关系。外部条件已经变了：成年的男人或者女人不再是幼小的孩子，不再依赖他们的父母。但他们内心的阴影小孩不明白这一点。许多人过度适应他人，因为他们已经习惯了这样，根本没有意识到自己的存在，或者因为他们已经把阴影小孩当成了自己本人。所以他们会深陷在不幸福的亲密关系里面，因为他们害怕一个人生活。或者他们会从别人的期望出发，做出自己的决定。他们最基本的恐惧是害怕被拒绝或者被抛弃。所以他们总是想要做对所有事情，不让任何人失望。为此他们牺牲了自己的部分自主性和自主权。不敢让别人失望的人不可能成为一个自由的人。

在很多案例中，当事人并没有真正从父母身边独立。尽管他们根本不再受到父母的照顾，甚至父母已经去世了，他们仍然没有真正独立。**他们完全认可自己的阴影小孩，这意味着他们一直生活在父母带来的印记之中，**执着于要适应父母的期望，或者是想彻底反抗它们——后者其实是更强烈地和父母联结的标志：一直想要反抗父母或者其他人的期待，仍旧无法自由地做自己的决定。

这里，父母的期望不一定是指真实的期望，也有可能是想象中的期望。再次用尤利娅的例子来说明。她的阴影小孩展现出了诸如"我没有能力"和"我肯定会被抛弃"之类的信念，这些信念让她产生了自我保护的动机，所以尤利娅的保护机制有：追求和谐、追求完美、诉苦抱怨以及"安慰性进食"。她小时候就想讨父母欢心，好让他们留在自己身边。然而他们还是让她孤零零一个人待在家，她只能用甜食来安慰自己。

尤利娅的例子很好地表明了，父母不一定要通过主动命令孩子做某些行为才能对孩子产生影响，他们也可能在不经意间就参与了孩子保护机制的形成。尤利娅的父母并没有希望她一直乖巧可爱，尽可能保持完美。他们真诚地爱着尤利娅；他们经常不在是因为工作所需。但他们两人都没有准备好为了孩子牺牲自己的事业，留在家里。所以小尤利娅会觉得自己对父母来说"不"重要。这种想法不完全正确，但在她小孩子的思维里，她坚信原因就是如此。所以她产生了这样的想法（信念）：她不够好，她需要更加努力来获得父母的喜爱。正确的想法其实应该是，她的父母过于沉溺于工作，他们应该增强和女儿的联结，牺牲一部分工作。但是小孩子不会有这么清晰的认知。

现在尤利娅长大了，独立了；但是她内心的阴影小孩还在坚持早就习惯的保护机制，想要争取罗伯特的爱和关心，认为离开他自己就没法生活。尤利娅阴影小孩的心理年龄大概只有 5 岁。她的阴影小孩没有长大，还处在童年期。

接下来，我首先会详细介绍一些联结方面最常见的保护机制，很容易看出来这些机制是出于失去联结的恐惧产生的。然后，我会介绍一些自主性方面的保护机制。那些使用自主性保护机制的人表面上不在乎联结的价值,似乎更想要距离和自由。但不要忘记了,联结是人类最基础的需求,在这之后才会形成自主性。**许多使用自主性保护机制的人是因为在联结方面受到了伤害才会反抗联结,也就是说这是他们过度适应他人的结果。**如果你也总是使用自主性的保护机制,你可以好好思考一下,这是不是由于过度适应他人的阴影小孩所致?

请阅读下面的内容,思考哪些是你常用的保护机制,添加在你的阴影小孩脚旁边的位置。

美化和逃避

我们所有的情绪、思想和行为都是建立在我们的感知上。我们只能对我们感知到的东西做出反应——即使有些反应是在潜意识里完成的。而当我们不想感知某样东西时,我们会在真相面前闭上眼睛,这就是:逃避。如果阴影小孩渴望联结,他必须把与联结对象产生冲突的可能性最小化。许多人小时候联结需求没有得到满足,他们害怕与别人产生分歧。所以他们不仅回避潜在的冲突,甚至往往根本感知不到冲突的存在。这里也包括,他们把自己喜欢的人完美化,无法清醒地看出对方其实有强烈的性格缺陷。过度适应他人的阴影小孩喜欢逃避现实,认为一切都很完美。他们通常不能站在自己的立场上看待问题,害怕给出自己的评价。

我曾接待过这样一个来访者。她和丈夫的妹妹,也就是她的小姑子几十年来关系非常紧密,后来她感到被严重背叛了,对小姑子极其失望。当时她已经得了癌症,病情很严重,小姑子把她视作负担,不想再接济她了,所以与她断绝了往来。来访者当然非常受伤。但是清醒一点来看,这个小姑子本来就是一个虚伪小人。来访者却从来不会用批判的眼光看待小姑子的行为,而是试图理解后者。她的联结渴望太严重了。从破碎的原生家庭关系中出来,她希望在丈夫的家族中获得治愈,而不愿意接受希望落空的现实。要是她早点擦亮双眼,看清小姑子的真实面貌,她就会发现这个女人很自私,一点都不友好。如果她之前就同小姑子保持正常的安全距离,后来也就不会失望了。但这个来访者为了满足自己阴影小孩的联结渴望,一直在欺骗自己。

有些人的阴影小孩有强烈的联结愿望,他们往往一生都活得比较幼稚。他们有的时候会认为自己"对这个世界来说太好了"。他们过度适应他人,帮助他人,服务社会,然后偷偷希望自己能因此受人喜爱,被人接纳。

压抑自己的情绪

愤怒和攻击性是和谐的最大敌人。过度适应他人的人从小就知道,愤怒是一种不受欢迎甚至危险的情绪。因此他们很早就开始练习压抑愤怒。但与此同时,别的情绪也被压抑了,因为它们可能让人产生欲望,妨碍适应他人。过度适应他人的人不会考虑自己想要什么,而是会思考其他人期待从自己身上得到什么。

过度适应他人的人总是很难识别自己的情绪。他们经常不知道自己想要什么,因此很难做出决定。这种不确定也常常让他们产生疑问:自己是不是真的想和现在的伴侣在一起,对方是不是那个对的人?他们不相信自己的判断,因为他们不认为自己的判断是准确的。

即使他们在决策过程中做出了理智的判断和评价，也一定夹杂了情绪的参与。

被压抑的攻击性最终会以抑郁的形式表现出来。抑郁者通常无法发泄出自己的攻击性，尤其是对女性而言。大约三分之二的女性有过度适应他人的倾向，因此抑郁长期以来也被视为一种女性疾病。当事人会觉得很空虚、筋疲力尽，没有价值，有罪恶感，没有追求，厌倦生活。这些抑郁的症状也可以看作是厌世（Resignation）的一种形式。抑郁者在很长一段时间里一直不懈地迎合他人的愿望，想要满足所有人的期望，直至某天他们筋疲力尽，感到一切努力都是徒劳。

抑郁是适应他人的终点站。当一个过度适应他人的人感到要反抗他人很困难，就会日益被无助和软弱的情绪包围，最终陷入"精神麻痹"的状态。他们再也感觉不到任何情绪，只有越来越难以承受的空虚，甚至会因此致死。

男性更容易以攻击性的方式表达抑郁。男性由于教育的影响，比女性更难表达脆弱的情绪，比如消沉、无助或悲伤。强势的情绪，比如攻击性，相反是被允许存在的。所以抑郁的男性经常容易激动，攻击性强，并且/或者更容易对某事上瘾。大约三分之一的女性处在自主性这一端，据我观察，当她们处于抑郁状态时，也会表现得更有攻击性。但是到目前为止，还没有心理学研究证实我的这种看法。

过度适应他人的人总是高高地竖起他们的天线，敏锐地感受到同伴的期望。比起自己的感受，他们更关注他人的感受。这种情况持续得太久了。当他们总是把注意力放在他人身上时，他们就丧失了和自己的交流。相应的,他们总是在事后才发现其他人的评价伤害到了自己。他们只有在独处,没有其他人需要他们来服务的时候,才能感受到自己的情绪。

过度适应他人的人把伴侣的情绪、愿望和期望同自己的区分开来,因为他们觉得自己要百分之百对这段关系的成败负责。出于最深层次的对于被拒绝的恐惧,他们牺牲了自己的需求。他们缺少自尊心,也很难有身体上的感受。他们几乎感受不到自己,还有可能超出自己身体极限:他们要么太胖,要么太瘦;要么投入极限运动,要么从不做运动;或者是性冷淡。在性欲方面,他们总是想要满足伴侣的愿望,自己的欲望几乎没有。性对他们来说是义务,而不是一种享受。

这是个公开的秘密:虽然大家以为现在女性已经得到了解放,但实际上女性经常还是处于被征服的地位,而男性经常处于主导的地位。火遍全球的小说《五十度灰》里描述了一段不一样的性虐关系,但它并没有把这段关系解释清楚。过度适应他人的男人觉得自己在床上一定要做一个"听话、温柔"的情人,但这样可能会让男女双方都扫兴。而过度适应他人的女人则不敢告诉伴侣自己有哪种性癖好。于是两人在床上做出以为对方希望的那样,最后大家都没了兴致。

这种没有感觉,当然也和害怕感受到负面情绪有关。不管我们是不是过度适应他人的人,我们都会害怕负面情绪。我们都害怕自己会遭受某种命运打击。事实上,比起总是担惊受怕,让自己的情绪释放出来,反而不那么容易造成灾难性结果。如果我们没有害怕、伤心、羞耻感或无助这些情绪，我们就可以不在乎所有糟糕的结果，因为没有上述这些情绪，它们都没有意义。许多人都有意或无意地训练过这种不在乎，好让生活不那么难过。他们专注于理智，表现出理性和意志强大，但是也因此失去了生活的情绪。情绪让我们充满生机，没有了情绪，我们就会变得死气沉沉，内心会感到非常空虚，受到抑郁的折磨。

如果你一直在压抑自己的情绪，你需要首先训练把注意力集中在自己身上。你需要用心体会，自己的身体和心理感觉到了什么。你可以每天数次审视你的内心，询问自己：我过得好吗，我现在感觉如何？后面会提供更多自救的建议。

追求和谐

追求和谐的人大多数天性平和温顺。他们的基因决定了他们的行为更倾向于适应他人，他们往往是内向者。艰难的童年条件也会促进这种特质的进一步发展——他们喜欢和谐，可能是因为没有能力应对冲突。过度适应他人的人没有办法把同伴的愿望和期望同自己的区分开来。所以他们经常顺从别人的要求，尽管他们内心其实并不是真的乐意。在亲密关系中，他们不确定自己能应对和伴侣的争论。他们内心的阴影小孩认为自己不够好，必须非常努力才能维持别人对自己的喜爱。他们经常会幻想出各种潜在的冲突，而实际上它们根本不会造成什么大的伤害。他们过于恐惧被拒绝，所以一生都在小心翼翼地生活，和他人交往时谨小慎微。

但是他们自己的需求没有办法被完全压抑。长远来看，这会导致许多问题。或迟或早，这些害怕冲突的人会产生这样的感觉：这段亲密关系快要到头了。由于他们总是不敢争取自己的愿望，他们期待着伴侣可以意识到并实现他们的愿望。当事情不像他们想象的那样发展时，他们会感到很受伤。或许他们真的会说"去他的"，但如果伴侣没有马上给出回应的话，他们又会特别生气。对他们内心的阴影小孩来说，这又一次证实了自己的信念："我不重要""我没有一点价值""我的意见不算数"，等等。他们的阴影小孩一直觉得自己处于弱势的地位。从这个角度出发，他们会突然觉得伴侣（也包括其他人）变成了敌人。他们会主观地认定伴侣处于支配地位，实际上在多数情况下伴侣并没有这么做；或者正是由于他们在决定问题时总是很被动，伴侣才不得不总是充当主动的角色。

　　过于追求和谐的人的问题在于，他们不敢对自己的需求负责。他们把对自己人生负责的任务转交给他人，依附于他人生活。他们被动地等待生活降临到自己头上，而不是主动地塑造自己的生活。他们高度需要安全感，所以他们总是处于防御的状态。他们选择职业也常常是出于一种高度需要安全感的动机，并且/或者符合父母的愿望。他们的内心小孩不敢走自己的道路，所以一直依赖父母，并且要紧紧地抓住伴侣。大概是出于害怕分离或被抛弃的心态，他们会长久地困于一段不幸的亲密关系中。在许多案例中，他们努力想要改造"糟糕的"伴侣，或者完全美化对方那些显而易见的缺点，认为所有的问题都是自己造成的。这可比正视自己的依赖性、发展自主能力要轻松得多。

如果你是这种极度追求和谐的类型，请记住，向你的伴侣明确说明自己的状态和需求，对其来说通常更加公平。如果你一直隐藏自己的愿望，你的伴侣就没有机会真正地理解你。不要期待对方可以读懂你的想法。你要承担起对自己负责的责任，要敢于提出自己的需求，这一点非常重要。请一直铭记：你现在已经长大成人了，你的伴侣不是你的爸爸妈妈。

过度适应他人的男人

女人喜欢强大的男人。过度适应他人的男人对她们来说没有吸引力。对男性来说，随时保持自己的男子气概很重要，在床上也是这样。男子气概是坚持自己的想法和辩论。男子气概是知道自己想要什么，不想要什么。男子气概是贯彻自己的目标，扫除一切障碍。男子气概是挑逗女性，在女性表现出没有兴趣时不马上撤退，而是再坚持一段时间。如此等等。但也不是说这些和女性就毫无关系。一个女性过度适应他人更容易让大家接受（不管现在人们觉得这样好不好），但一个男性过度适应他人就是另一回事了。换句话说：从男人的眼光来看一个过度适应他人的女性，他可能会觉得非常棒，他甚至有可能因为自己的条件不是很好，就想找一个这样的女性。但一个过度适应他人的男人却没有什么执行力，会让女人承担关系和生活中的过多责任，对任何一个女人来说都没什么吸引力。或许这也是存在于我们的基因基本设置里的，女人总想找到一个强大的男人。

那些在童年时代缺乏积极的男性榜样引导的男人，经常会压抑自己男子气概的一面。他们的父亲经常太过专制独裁，所以儿子下定决心，绝不要成为父亲那样的人。也有一些母亲操纵儿子进入反父亲联盟，她们总是在儿子面前哭诉父亲有多么不好。所以这些少年学到了：男人都很坏，让女人哭泣。这样他们就会更加认同那些女性特征。另外，有的母亲或者父亲要求儿子从小就极其顺从，也会促使这种过度适应他人的特质发展，导致即使长大以后，他也不敢自己解除这种印记。

但是，请不要把"男子气概"和"不让步""专制"或者"僵化"混淆。一个有男子气概的男人也会有脆弱的情感，并且可以正视它们。他可以让步、妥协、温柔。这些是联结和适应他人方面的特征，对建立亲密关系的能力来说必不可少。**让一个男人有男子气概的是，除了这些之外，他还有自主能力**，也就是说：他也可以和他人保持距离，贯彻自己的目标，在性方面很自信。如果他内心的天平太过倾向于自主性那一端的话，那反而是伪自主。也就是说他太僵化，不能做出让步，缺乏同理心，并且太自大。这些特征在那些有联结恐惧的男人和大男子主义者的身上可以看到，之后我会详细介绍这两种类型。

如果你是男人，请问自己一个问题：你的男子气概的这一面，也就是你的自主能力发展得足够充分吗？如果不是，可能的原因是什么？要清楚，女人不想要一只哈巴狗。男子气概意味着你可以承担起责任，可以对你的愿望和需求负责，但是这并不意味着你一定要做出让步和牺牲。如果你能说出自己的想法，即便它有可能和女人的意见相左，你还是坚持要满足你自己的需求，女人并不会因此离开你。当她们感觉到你过于顺从的时候,她们反而有可能离开你。因为那时,你已经失去了她们的尊重。

对男人来说,对于性无能的恐惧是一个大问题。我的一个来访者向我倾诉:"插入对男性来说就是地狱。"在这个时候,男性一定得坚持做个男人,性无能无法被遮掩,对女人来说就是这样。可是究竟什么才是"无能"呢?就因为男人一下子不能勃起吗?这个说法从字面上看就是一种歧视。人们说女性没有兴致。这个说法听起来就没有那么危险。"性无能"是一个特指男性的概念。男性阳痿和早泄,几乎都可以追溯到害怕性无能的心理因素上。男性害怕自己不能满足女性。他们害怕不能达到她们的期望。还有一种说法可能也起到了一些促进作用:女性通过性交会达到高潮。但其实她们达到高潮的原因,有可能只是因为阴蒂也被性唤起了。纯粹的阴道高潮是不存在的,尽管大家一直以来——包括女性——都以为存在。了解这一点,有助于男性找到比插入更好的方法来满足女性。

可以通过增强自主能力来解决男人对于性无能的恐惧。所有让他们更加自信的东西也会帮助他们增强雄风。因为他们更加自信了,这种更加自信会让他们更加信任女人,从而提升自己的联结能力。一个人越能在合理的范围内和他人保持距离,就越能和他人联结,因为他不会害怕在联结中失去自我。这种对于被抛弃的恐惧往往是不敢紧密联结的原因,人们可以通过提升自主能力来慢慢减弱它,因为这样人们就不再觉得过于依赖伴侣,也不会被想象中的被抛弃所伤害。

过度适应他人的女人

接下来，我会描述一个女性更常面对的问题：一些女性过度适应他人或者太缺少自主能力，她们的一切几乎都要依靠别人获得。她们在亲密关系中依附男人，哪怕对方对她不好，甚至有可能虐待她。为什么这些女人不能脱离这种困境呢？她们经常会拿孩子作为无法结束这段关系的借口。其实在很多案例里面，父母如果分手，对孩子反而更好。一个有关离婚的调查结果已经清楚表明，比起父母一直争吵甚至出现家暴，孩子更能接受父母离婚。

有依赖性的女人（或男人）缺少自我力量，没有能力对伴侣做出独立判断。他们内心的阴影小孩坚信自己不值得更好的待遇。他们认同那个侵略者，这意味着，他们在内心是和那个有暴力倾向的伴侣站在一边的，即使当事人的成年自我意识到自己必须分手。他们内心的小孩过于害怕独自生活，总是幻想着会有美好的结局。过于依赖他人的女人由于缺少自主能力，总是有一种错觉，认为离开伴侣她们就活不下去了。那些看上去非常独立自主的男人经常在一开始就释放出模棱两可的信号，这对女性的联结模式有巨大的吸引力。这或许是因为她们希望像这类男人一样拥有掌控权。

这也经常是由父母造成的童年创伤的一种情景再现。在心理学上，人们把这种联系称为强迫性重复。**当事人的内心有种无意识的愿望，要为自己的人生故事书写一个美好的结局。**所以他们把自己糟糕的父母无意识地投射到了伴侣身上，希望这一次会有一个好的结局。当然，不仅仅女性会有这种强迫性重复，没有得到父母善待的男性也有可能把这种想法投射到现在的伴侣身上。

此外，大众普遍认为，和自己性别相反的父母那一方和孩子的关系会更严重地影响现在和伴侣的关系。但从我当心理咨询师的经验来看，事实恰好相反，和自己相同性别的父母一方对自己的影响会更大。比如我遇到过为数不少的女性在亲密关系中经历了和母女关系一模一样的情况，也有为数不少的男性复制了父子关系。

如果你想从一段不幸的关系中逃脱出来，首先请停止美化伴侣，而是描绘出其真实形象，最好是写在纸上。请停止对伴侣的投射，积蓄全部的力量，增强你的自主性。

助人综合征

患有所谓助人综合征的人致力于做好事，来修复受伤的自尊心。他们的座右铭是："只有帮助别人，我才有价值。"在这种想法下，衍生出了不少针对那些看上去需要帮助的人的优越感。帮助他人暂时脱离困境，或者加入一个慈善组织，确实会让助人者获得很多积极的影响。助人综合征属于最被社会认可的保护机制之一。然而不少当事人之所以如此，是因为他们把亲密关系同需要帮助者联系在了一起。对他们来说，合适的对象是心理不稳定者、失业破产者、穷人、瘾君子和需要护理的病人。

助人者幻想自己是把伴侣从痛苦中解救出来的骑士，因此对伴侣而言自己异常重要。如果伴侣不假思索地拒绝了他们的帮助，不让他们为其痛苦负责，他们就会陷入悲伤痛苦中，需要依赖的情形发生了颠倒。既然自己想象中的脆弱的伴侣不需要依赖自己，他们会觉得自己很无助，因为自己的努力都落空了。另外，伴侣拒绝了自己的帮助，就意味着对方不想在这段关系里承担责任。助人者通常没有被伴侣善待。他们向往联结的愿望总是会很快落空。助人者不能排遣这种糟糕的感觉，因为他们的阴影小孩觉得伴侣没有改变是自己的过错，觉得自己很可怜，很失败，因为自己的努力又一次落空了。但是他们没有离开这个怪圈，不接受自己的失败，而是加倍努力，希望把局势置于自己的掌控之下。除非他们自己的健康以及/或者经济状况已经很糟糕了，否则他们不会放弃。

如果助人者希望改变自己的心态，他们需要认识到，自己的自尊问题不能靠外界解决，不是靠做好事就能成为救世主，他们需要掌控自己不安的阴影小孩，消除其旧印记。

追求完美

过度适应他人的人还可能采取另一个保护机制，即对完美的极致追求。他们的阴影小孩过于害怕被抛弃或被拒绝，以至于想要把所有事情都做对，做到尽善尽美。在这样的保护机制之下，他们的愿望是做到无懈可击。阴影小孩确信：当我做到无懈可击，我就不需要别人的帮助，这样我才能被大家接受。

追求完美的人经常超出了自己的能力范围。他们不能正确地感受到这一点，因为他们在过度适应他人的过程中早就丢失了自信。这注定了他们最终会崩溃。这种保护机制的问题在于，完美是一种无法达到的状态，当事人永远达不到自己定下的高目标。他们的评价标准太狭隘了：不完美＝不够好。他们不使用一般的等级划分——完美、非常好、好、合格等等，至少在评判自己成绩的时候不会使用这样的标准。在这样的保护机制下，他们的阴影小孩只能得到非常短暂的安慰。他们刚拿到胜利的奖杯，就要开始追逐下一座奖杯了。

完美追求者通常会为了达到目标牺牲非常多时间，因此会影响自己的亲密关系。这让他们的伴侣渐行渐远。不少完美追求者都是工作狂，这也是逃避亲密关系的一种形式。逃避亲密的人以此获取他们需要的安全空间。

追求完美的人内心的阴影小孩非常不安。有些人甚至根本没有意识到这一点，因为他们用自己的成功完全挤走了自己的阴影小孩。如果他们处在过度适应他人的这一端，极力追求联结，那他们对于完美的追求主要就体现在美化伴侣之上。就是说，在亲密关系中他们也想把一切做对，想当完美伴侣。如果他们处于自主性的这一端，他们不仅会惩罚自己的缺点，也会对伴侣的缺点下手。他们连伴侣的各种小毛病都完全无法忍受。和自己一样，他们的伴侣也必须完全有助于自己价值的提升。再次提醒大家，不少人会根据在不同关系中所处的位置或者在关系中所处的阶段，在联结和自主性之间摇摆。

孩子气和无助

过度适应他人的人一生都过得战战兢兢。他们想通过紧密联结的方式获取一个稳定的依靠。他们的不安不仅仅源于他们脆弱的自尊心，还因为他们的自身需求所造成的压力太明显，让他们无法思考自己是谁、自己想要什么之类的问题。他们不断地向看上去更聪明、更强大的人寻求建议和保证，害怕对自己的生活承担责任，不相信自己有这样的能力。他们害怕犯错，害怕做出错误的决定，这种恐惧阻止了他们做自己的事情。当那些看上去更强大的同伴为他们做出了错误决定时，他们觉得至少这不是自己的过错。

他们所选择的伴侣经常觉得要被他们的需求压垮了。毕竟，如果一个人在做各种小决定的时候总是需要别人的保证和支持，这实在很让人抓狂。他们的依赖性，让伴侣不断承担共同生活中越来越多的责任，而他们则感到自己被控制、被压抑。仔细看的话，这种指控并不公平。这种被控制的感觉很大程度上不是伴侣单方面造成的。它源于过度适应的人自愿臣服于看上去更强大的伴侣，却又觉得对方要对自己这个弱者不能掌控自己的生活负责。

他们很少能够吃苦耐劳，丁点小事都会让他们恐慌不已。他们总是要求伴侣关心他们，安慰他们，为他们加油。不少渴望帮助的人埋怨伴侣做得还不够。他们的阴影小孩奉行的通常是这样的信念："我的时间太少了""我不重要""我等级太低"，等等，说服自己去依赖伴侣。然而伴侣做得永远都不够多。这又会唤醒他们最喜欢逃避的阴影小孩。这显然不能促进双方关系的发展。当看上去更强大的一方有（主动）联结恐惧时，另一方的这种逃避冲动会尤其强烈。

哀求、胁迫和要求

哀求和胁迫也会产生与上述保护机制类似的效果。看上去依赖性的一方总是在追逐看上去独立的那一方，但越是如此，看上去独立的那一方就越觉得窒息，越想要逃离。

一旦亲密关系中的距离平衡被打破了，一方一直想要更亲近一些,而另一方越来越抗拒,前者就会越来越不安,心理上陷入困境中。他非常害怕自己被抛弃,在多数情况下会衍生出强烈的哀求冲动。他会想尽一切办法重新掌控局面。他感到根本无法戒掉对伴侣或者目标对象的依赖成瘾。然而,他越是感受到并表现出依赖,对方就会越独立,越吃定他,经常会思考自己是不是真的想要这个伴侣,他是不是那个对的人。当伴侣丧失了爱意和兴趣,依赖者会更深地陷入自我怀疑中。但他不选择离开这段感情,尽管这才是最明智的选择;相反,他选择进一步加强控制,采取哀求、胁迫和要求等更多手段,直到伴侣完全崩溃,终止这段关系。

并不是每一段关系终结都像上面写的这么戏剧化。也有一些婚姻和长期伴侣关系一直存在着距离失衡的问题,一方会用各种各样的防御手段将自己隔离起来,比如逃到工作、兴趣爱好以及/或者外遇中,而另一方则孜孜不倦地要求更多亲密和关注,"直到死亡将他们分开"。而且,一段关系中的角色可能会不断发生变化。也有一些持续时间很长的亲密关系,双方都倾向于逃离,都不想跟对方有更多瓜葛,尽管如此,他们还是没能彻底分开。

购物、消费和上瘾

当阴影小孩渴望联结、亲密和温暖,但得到的总是不够多的时候,就会用一些替代方式来安慰自己。饥渴的阴影小孩会用酒精、尼古丁和毒品来安抚自己对被抛弃的恐惧。毒品要么可以驱散他们的消极情绪,要么可以帮助他们产生愉悦的情绪,从而让他们达到控制情绪的目的。通常,他们会在吸食毒品和嗜好品的过程中进行一些社交活动，这样还可以满足联结需求。比如在酒吧里，他们会产生类似在子宫里的安全感。美食可以给人带来很多幸福和安全感，因此也经常作为未被满足的联结愿望的替代品。由此可能造成超重和贪食症。相反，厌食症是一种自主性方面造成的进食障碍：当事人在无意识地争取独立和控制权。

一个人是否会上瘾，和他所处的社会环境以及基因有很大的关系，并不是每个缺爱和联结的人都会成瘾。比如在 20 世纪 80 年代很多人都抽烟，当时抽烟还是一个很风雅的行为。但是近几十年来，反对抽烟的运动愈演愈烈，香烟消费严重萎缩，抽烟的青少年越来越少。同时，有些人天生就比其他人容易上瘾。有些人可以很快代谢掉尼古丁，有些人代谢则比较慢。后者相对不容易上瘾，他们可能一生都不会抽烟，或者一生都不会成为瘾君子。酒瘾也是这样，这种疾病至少部分是先天基因决定的。

购物也是排解内心寂寞的一个常用方法。当人们走进商店，得到友好的接待和服务，他们会感到自己很受欢迎，是被接受的。此外，许多人在买到漂亮的东西可以装扮自己时，也会感到自信提升。购物当然也是将注意力从自身的困境中转移出来的一种有效方法。

在我看来，要想戒除某种瘾，有两件事至关重要：

其一，不可以认同你的上瘾渴望，也就是说，你必须站在旁观者视角审视这种渴望。

其二，你需要树立一个清晰的目标，想象目标达到后你会有何种感受。比如如果你想减肥，那么你需要感受另一种生活，你可以在头脑中描绘一幅不一样的愿景。你可以想象一下，你会多么健康、动感和轻盈，想象一下这种感觉会有多美妙。此外你还可以设想一幅画面，其中你生活在一个太平洋小岛上，只靠鱼、蔬菜和水果为生。从这个画面来看，这种获取营养的方式也颇有吸引力。这里的重点是，一种吃蔬菜就可以获得满足的饮食习惯的愿景可以让你觉得很有吸引力，很鼓舞人心。我认为：是情绪让我们行动起来，或者阻止我们做某事，所以我们要从情绪层面来控制上瘾。

歇斯底里者的保护机制

在现代心理学中，歇斯底里是一个已经过时的概念；现在人们用的是"戏剧化"。但"歇斯底里"在口语中更常用，我认为这个概念听上去少一些僵硬，所以请允许我继续使用它。弗里茨·瑞曼在他的经典作品《恐惧的基本形式》中划分了歇斯底里、抑郁、强迫型和分裂型 4 种人格。瑞曼认为，**每个人都包含这 4 种人格的一部分，只是大多数人倾向于表现这四种中的一种。**如果个人特别强烈地表现出某种或某几种人格，就会出现亲密关系问题。

歇斯底里的概念来源于希腊词"hysterikos"，意思是：由子宫主导的。所以这个概念很长一段时间只用来形容女人。当然其实也有男人有歇斯底里的行为。但据我观察，男性歇斯底里的形式通常表现为自恋。这只是我的一种个人推测，据我所知，还没有心理学著作这样说过。

一个有歇斯底里人格的人具有哪些特征？他们的性格通常很外向。他们天生爱好交际，很合群，这决定了他们有以下积极的特征：

轻松愉快、生动活泼、有创造力、贪玩、善于表达。这样的人一点都不会无聊。但他们歇斯底里的一面会导致严重的亲密关系问题。他们的阴影小孩内心充斥着这样的信念，如"我没有能力""我不重要""我没有被看见""没人喜欢我"等。他们最大的恐惧是被人忽视、不重要以及没有意义。他们通过外向来自我保护：他们走向外部，争取关注，而不是像抑郁者那样躲在角落，和他人保持距离。可以把歇斯底里理解为一系列向同伴争取关注和爱的保护机制。

歇斯底里者通常都很爱说话，爱好交际。他们花很多心思在自己的外表上；所以他们往往打扮时尚，穿着性感。歇斯底里者通常是挑逗的高手。挑逗对他们来说是一个获取同伴认可和喜爱的重要手段，因此他们很容易滥交和不忠。

他们的情绪通常不太稳定，所有情绪都很强烈。这种性格特征特别强烈的人，情绪会在开心上天和郁闷到死之间不断摇摆。此外，他们也比一般人更容易害怕，更容易冲动和愤怒，这些都是因为他们的外向性造成的。可以说歇斯底里者"活得特别用力"，这也是他们的魅力所在。

歇斯底里者喜欢刺激。他们的生活必须丰富多彩，充满刺激和动荡，否则他们很快就会无聊，提不起精神。太沉闷了会激起他们的消极信念和内心最深处对于被拒绝和冷漠的恐惧。

歇斯底里者可以迅速和别人混熟。他们经常在第一次见面的时候就直接走向他人，谈论一些很私人的事情。而和他们互动的人不少会感到失望，因为在这种自来熟之后并没有进一步的关系发展，或者这种关系会变得不可靠，不亲密。

歇斯底里者是吸引目光的大师，但他们并不是建立联结的大师。 事实上如果他们进入了一段紧密的亲密关系，他们会感受到强烈的对被遗弃的恐惧，因为他们特别向往一段永恒的爱情和联结。他们这种保护机制的意义在于，确保他人喜欢自己。从积极的角度来看，他们做到了这一点，因为他们很有娱乐精神，很风趣，很性感。但是这种保护机制会逐步发展出消极的一面，他们会表现出强烈的控制欲，要求苛刻，特别想要控制他人，以至于伴侣需要和他们保持距离。也有可能他们会主动结束这段关系，因为亲密关系中充斥着日常琐事，他们无法掌控伴侣。歇斯底里者喜欢恋爱的感觉，他们总是痴迷于一段感情的开端。当他们陷入爱河，他们感觉自己处于最有生命力的时候，他们的需求在关系的这一阶段得到了最好的满足。他们通过恋人充满爱意的眼神似乎看到了自己，并且自我感觉良好。

一种典型的处于亲密关系中的歇斯底里女性是"高要求的女王"。（当然也有男性的高要求者。）女王们要求得到比她们自己给出的多得多的关注。但是她们自己并不这么认为。她们的信念让她们确信，她们得到的还不够多。如果女王们在一天中过得不错，她们会表现得很出色，和人沟通良好。如果她们度过了糟糕的一天，她们就会表现出特别负面的情绪，心情很快变坏。这样她们就控制了同伴，让他们尽量"听话"，让"女主人"心情好一点。大家会逐渐认识到，女王是完全专横的，如果她们在某一方面没有受到足够关注，让她们感觉不够好，她们就会大发脾气。她们可能制造出特别可怕的场景。为了避免出现这种情况,伴侣通常只能表现得小心翼翼,给予她们最高级别的关注。

诉苦、哀求和抱怨也是女王们爱用的手段。女王们的阴影小孩需要压倒式的关怀。因为自己在童年几乎没有得到过关注,她们的阴影小孩非常执着于追求关注。但女王们意识不到她们关心的只有自己,几乎从来没有注意过伴侣的需求。其实正是因为女王害怕自己得不到关注,所以她们才无法给予伴侣关注。从心理学的角度来看,女王的加害者—受害者角色发生了转变。

歇斯底里式操控有一种变体,即生病。女王们通常都患有各种各样的疾病,或者一些需要认真对待的病痛,需要伴侣一直照顾她们,关心她们。基于她们戏剧化的倾向,一些微不足道的不适也会被夸大。最极端的情形下,她们甚至会自己制造车祸或疾病。

也有一些伴侣不顺从女王的要求,而是反抗她们。在这种情势下,双方的关系通常在吵到天翻地覆和短暂和解之间摇摆不定。伴侣要么最终放弃,结束这段关系;要么通过不断争吵来争取控制权。伴侣陷入了镜像自我价值感的条件反射之中,他们的阴影小孩认为女王喜怒无常的情绪变化是由自己造成,认为女士的控诉在某种意义上来说是有道理的。前面说过,很小的孩子在被父母骂的时候,只能把父母说的一切都当做对的,承认自己是错的,这样才能不被惩罚。当阴影小孩被激活的时候,很多人就会陷入这种条件反射中去。尤利娅的阴影小孩认为她必须变得更好,做得更对,才能保证罗伯特对她的爱。女王的伴侣或其阴影小孩则认为可以通过抑制自己的行为,来让女王做出正确的行为。

她们有强大的性魅力,也喜欢在性方面寻找极致的体验丰富。她们的伴侣可能对这种体验上瘾,这种状况导致女王通常可以独自决定,什么时候开始性,什么时候不要。伴侣几乎没有控制权,而丧失控制权会使人狂热。

歇斯底里者在和人交往的过程中,有个特别突出的问题是,她们几乎没有正视批评的能力。她们的保护机制让她们规避针对本人的批评和拒绝。即使是一些无关紧要的批评,也会立马让她们感到受伤,通常她们会用愤怒作为回应。不能接受批评的人,其实也没有建立亲密关系的能力,因为这样伴侣就没有机会和她们一起塑造这段关系。伴侣必须忍受她们的独裁,或者双方会产生严重的、但对提高亲密关系质量毫无益处的冲突。通常情况下,倍感压力的伴侣除了分手别无选择。

但是也有一些让人喜爱的歇斯底里者。他们非常热心,非常有魅力。此外他们也不像高要求的女王那样强势地表达自己想要达到的目的。其实他们也非常需要关照。他们想要被爱,被称赞。和高要求的女王一样,他们想要得到伴侣和其他人的称赞来维持自信。他们是娱乐和自我展现的高手,很会吸引公众的注意。但是他们的故事并不总是真实的。比起干巴巴地讲述一个事实,他们更愿意虚构一个引人入胜的故事。倾听不是他们的强项。他们忙着吸引同伴的关注,他们的重心落在自己而非他人身上。心理咨询师或医生可以帮助他们,让他们重新感受到自己很重要。

这些可爱的歇斯底里者作为伴侣会很长性，尽管他们可能不会一直忠诚。然而他们强烈需要一个一直关注自己、喜爱自己的伴侣。如同所有的歇斯底里者那样，他们很容易冲动，会时不时爆发怒气；但是他们也和大多数冲动的人一样不记仇。和高要求的女王相比，可爱的歇斯底里者会给予伴侣更多的回应。当伴侣对他们上心，给予他们很多关注，对他们充满爱意的时候，他们不会那么频繁冲动。这样他们就能建立一段长久有爱的亲密关系了。

所有的歇斯底里者都会按照自己的想象美化世界。他们讨厌拘束和规章制度，认为各种规矩是给其他人订立的，不适用于他们。让他们为自己的行为承担责任很难。和他们相处就像和小孩相处一样：他们以为自己闭上眼睛，其他人就看不到自己了。歇斯底里者经常面对一堆问题袖手旁观，因为他们还没有准备好面对现实。比如我的一个来访者把自己搞得一团糟，他害怕看到账单，所以已经一年多没有打开邮箱了。

歇斯底里者的突出问题在于，他们一般都无法正确认识自己。他们认为自己的所有要求和情绪都是对的，是合情合理的，他们注意不到现实和他们的愿望是背道而驰的。他们认为，自己不开心是其他人的责任，是看上去不理解自己的伴侣的责任，或者是这个世界或命运作祟。要想从阴影小孩的视角中解放出来，他们需要首先认识到，自己是在阴影小孩的模式下做出反应的。当这一点成功了，他们也就可以成功地从歇斯底里的模式中解放出来了。最重要的一步是自我反省，这样才能和自己的歇斯底里模式拉开距离。另外，我在下一章也会提供很多解决方案。

抑郁者的保护机制

歇斯底里者会积极争取他们想要的关注,而抑郁者则会用被动的方法,比如表现得乖巧听话,来达到目标。抑郁者过度适应他人,努力满足所有同伴的期望。也可以说,**过度适应的人会展现出抑郁的人格特征,但是这不一定意味着他们会发展出抑郁症这种疾病。**

有抑郁气质的人天生就很平和,爱好和谐,又因为其所受教育方式的影响,发展出了过度适应的特质。他们积极的一面是很热心,很友好。他们极其渴望被爱,情愿为此付出很多,甚至可以牺牲自我。他们特别擅长和伴侣感同身受,善解人意。他们最深的渴望是消除自我和伴侣之间的界限。他们渴望心灵相通。一个心理健康、只是有一点抑郁色彩的人有很强的爱的能力,愿意和伴侣共度难关。抑郁的天性使得他们倒向联结和适应他人,失去内心的平衡。他们害怕独立,害怕做自己。他们的阴影小孩认为自己还没有真的长大,不能靠自己生活。因此,对于有抑郁特质的人来说,最理想的莫过于完全献身于伴侣,一生都和对方在一起生活。独立让他们害怕。

过度适应的人压抑了自己的愿望和情绪,以便尽可能地表现得完美。自己的意愿、清晰的目标、执行能力等自主方面的能力,他们一概没有。所以过度适应的人内心没有支柱。结果是**他们必须要在外部,即在和伴侣的亲密关系中以及/或者在父母那里寻找一个支撑点。**事实是,过于想要满足父母期望的小孩,在和父母分离方面存在严重的问题。独立是他们从来没有学会的能力,对他们的挑战太大了。要自由做出决定的前提是有自己的意愿。有抑郁特质的人让自己的需求完全取决于伴侣,希望对方可以为自己的生活指明方向。由于他们几乎感受不到自己的需求,也由于他们特别害怕犯错,他们把决定权交给了伴侣或者父母。对他们来说承担责任非常难,这就必然决定了他们要处在牺牲者的位置。因为抑郁者感觉自己太依赖伴侣,他们总是特别害怕被抛弃。这种恐惧会让他们向伴侣施加压力,尤其是当它变成巨大的嫉妒的时候。他们强烈的控制欲会导致伴侣对其失去关心和尊敬,双方越来越疏远,而这反过来又强化了抑郁者的控制欲。

抑郁者的伴侣为了照顾他们的情绪,往往也会降低自己对于独立生活和个人自由的需求。此外,抑郁者通常和自己的父母之间有紧密的联结,这会妨碍他们和伴侣之间的关系。抑郁者的阴影小孩经常还处在依赖父母的阶段,虽然已经成人,他们还是总想要满足父母的期待。如果父母尤其需要照顾的话,情况就会变得越发糟糕。

我认识不少抑郁者,他们耗费数年时间来专心照顾父母。有个来访者是一个职业女性,也是两个孩子的妈妈,每天要给年迈的父母做饭,照顾他们。她父亲的经济条件其实不错,但拒绝找个保姆来照顾自己。这个来访者无法和父母保持距离,她无法解决这个问题,责任感总是让她备受折磨。直到她有一次崩溃,来找我进行心理咨询,之后她才成功地为自己的生活考虑,拒绝承担照顾父母的全部责任,把照顾他们的时间减少到了合理的程度。

抑郁者在亲密关系中的另一个问题是他们缺少真实性,因为他们和自己的情绪和需求缺少交流，并且害怕冲突。所以一方面他们有亲近的渴望，对伴侣有很高的要求；另一方面他们很少表达自己的渴望。结果就是他们自己也搞不清楚自己到底想要什么。相比之下他们倒是很清楚自己不想要什么。

他们不会表达出来自己的期望，而是希望伴侣猜出他们的愿望。当伴侣没有做到这一点时，他们会觉得在这段关系里没有受到重视，为此很生伴侣的气。有时候他们会抱怨和发牢骚，但是他们完全做不到把自己的愿望和需求用一种理性、成熟的方式表达出来。于是抑郁者的的内心会淤积更多冰冷的怒气。他们发泄怒气的方式很隐晦，以至于伴侣很容易忽略。伴侣经常根本不知道自己在抑郁者的眼中原来表现得如此糟糕。我总是一次又一次感到震惊，抑郁者和他们毫不知情的伴侣对关系质量的评价如此天差地远。当抑郁者觉得已经准备好要鱼死网破的时候，伴侣还觉得风平浪静。抑郁者虽然内心越来越想要从这段关系中解脱出来，但是表面看来，他们出于习惯还是表现得一切正常。

在关系的这一阶段，有些抑郁者也会尝试外遇和出轨。他们想要通过这种行为获取在他们看来伴侣没有给予他们的喜爱和关注。终结关系通常是在他们找到新的对象之后才发生的。他们无法忍受单身生活。当抑郁者要分手或者出现外遇的时候，伴侣经常会觉得如坠深渊。

想要治愈抑郁者的阴影小孩，首先必须要加强自己的自主能力。我会在下一章告诉大家应该怎么做。

现在你已经认识了联结方面的许多保护机制。你重新认识自己了吗？在阴影小孩脚旁边的位置写下你最常用的一些保护机制。

接下来，我会为大家介绍自主性方面的保护机制。如果你发现这部分也很丰富，那很好——前提是你觉得自己属于联结的类型。请继续阅读下去，把下面的机制也写在你的阴影小孩脚旁边。

自主性方面的保护机制

主要用自主性机制保护自己阴影小孩的人早已在潜意识里确定，独身是最保险的方案。**如果说过度适应的阴影小孩总是过于信赖他人，那么自主性机制的阴影小孩就是太不信任他人了。**过度适应的人总是把一切都理想化，自主性过强的人则总是在怀疑一切。他们需要与伴侣保持一个安全距离，与其他人通常也如此。有人曾经这么解释："一定要和别人保持至少一臂距离，这样才能把人看清楚！"

一项心理研究发现，婴儿在出生六周后已经可以对照顾自己的母亲做出反应。这项研究中的母亲们都有很严重的联结障碍，和孩子一起住在一个社会救助项目的房子里。录像记录了母亲和孩子之间的互动。在研究结果中，人们可以看到，当母亲注视着婴儿的时候，他们会微笑；当母亲把目光移开的时候，婴儿会呆住，脸上出现呆滞的表情。婴儿完全从直觉出发，感受到母亲在的时候他们心情很好，为了生存下去，他们必须把这种心情用最直接的方式表达出来。人们可以在受到精神创伤的婴儿身上感受到，当抱起他们的时候，他们的身体会完全僵硬。因为他们很少感受到母亲的拥抱抚摸，也感受不到母亲对他们的信任，他们觉得没有人可以依靠。

如果一个孩子在两岁前已经学会了完全适应父母的需求，他就无法发展出一种必需的基本信任感，即他是什么样就可以表现出什么样，父母会无条件地爱他并且照顾他。在这样一个不稳定的基础上，他无法建立起健康的自主性。有了这样惨痛深刻的经历之后，孩子要么会非常依赖父母，之后依赖其他联结人；要么他会在潜意识里下定决心，余生都不要再依赖他人，不允许任何可能伤害自己的人离自己太近。

人们也可能在没有那么戏剧化的条件下发展出高度的自主性动机。比如父母可能给孩子制定了过多规矩，并且/或者过度保护小孩了，仅此而已。最典型的现象是母亲很难放手让孩子自由成长。过度保护小孩的父母以为自己是在爱孩子，可是这份爱对孩子来说"太窒息了"。可以把这样的自主性的阴影小孩看作反叛者。他们的内心充满了叛逆，反对所有形式的束缚和限制自由。他们对伴侣的期望和要求非常反感，即使这些要求是完全合理的。因为他们潜意识里混淆了伴侣和父母的要求和期望。

自主性过强的人通常感受到的是对于过度束缚和专制的恐惧，远远高于失去伴侣的恐惧。对被抛弃的恐惧在背后也起到了重要作用，这种恐惧来源于过度适应，而过度适应是为联结需求服务的。他们的阴影小孩和追求联结的人一样，都要为了伴侣刻意改变自己。只是他们心中的叛逆使他们故意不做伴侣期望他们做的事情。正是纯粹的对被抛弃的恐惧，产生了强烈的对于自主性的追求。与其被抛弃，还不如自己先抛弃对方，这样至少是自己控制着局面。

总而言之，**自主性的保护机制导致了距离和对伴侣的控制**。这里牵涉到的是避免无能、弱小和羞耻。对于被抛弃、被拒绝的恐惧让他们尽可能地保持独立。相反，过度适应的人因为害怕被抛弃、被拒绝，而想和别人更紧密地联结在一起。他们通过联结寻求安全感，而自主性过强的人通过独立自主寻求安全感。

怀疑和贬低

叛逆的阴影小孩很难信任他人，总是用怀疑的眼光看待伴侣和其他人。他们担心自己被其他人束缚或者控制，这种恐惧导致他们要夺取控制权和权力。为了实现这一点，他们需要和他人保持距离。

阴影小孩的猜忌太深，以至无法建立充满信任的联结。这种不信任保护他们免于失望，因为他们觉得自己早晚会被抛弃。不过，他们中的许多人并没有意识到这一点。其实，与其担心自己被抛弃，他们更应该担心自己不能对伴侣付出足够多的感情。许多自主性过强的人抱怨他们总是会对伴侣失去感觉，所以总是不断分手。这种爱意的消失其实只是浮在水面上的冰山一角，是意识层面上感受到的。它只是疏远程序的一环，当恋情走到联系紧密的阶段时浮现出来而已。我已经说过，人们会很自然地把自我形象投射到其他人身上，当一个人对自己有了固定的看法时，他也不会期待伴侣有其他想法，所以他总是只展示自己最好的一面。正是这种尽量不做真实的自己的追求，让自主性过强的人觉得经营固定的亲密关系太耗费精力，让人束缚，因此他们只有通过单身才能获得真正的自由。或者，他们太迎合他人了，以至于他们再也不能感受到自己的界限，一辈子都要戴着面具生活。还有些人不知道什么时候就崩溃了，饱受让人筋疲力尽的抑郁，即心理耗竭（Burn-out）。

除了自身的不信任，伴侣的批评也会加剧他们的疏远，并且会进一步导致追求个人自由和强势地位。批评和放大缺点是他们常用的疏远方式，这个过程通常是自发且无意识出现的。只有个别人会认识到，自己之所以用批评疏远伴侣，是因为自尊心受到了轻微伤害，或者是因为自己被触发了对被抛弃的恐惧。另外，在这种批评伴侣的行为背后，往往也藏着自恋动机。自恋者总是担心受伤，害怕自己陷入弱势、无能的处境，就像自己小时候在父母面前那样。自恋者的阴影小孩发誓再也不要受到小时候从父母那里受到的如此羞辱。出于这种潜在的报复心理，他们现在开始羞辱其他人，尤其是伴侣，以此来减轻自身的自卑感。

丧失爱意和快感

丧失爱意和快感是很多人在面对过多亲密和束缚时的一种常见反应。当事人没有能力从内心到身体和他人保持距离，伴侣在他们的眼中越来越像敌人。他们感觉自己被束缚和控制住了，因此他们的爱意消失了。

追求权力和争强好胜

信任很好，控制更棒；叛逆的阴影小孩是这么认为的。他们在任何情况下都不希望其他人获取控制权，因此他们尽可能地努力让自己获取这种权力。他们总是怀疑自己的伴侣以及其他人,总是想要了解对方计划。最糟糕的情况下,这种情绪会演变成病态性嫉妒。即使在没那么严重的情况下,亲密关系也会因为一方过高的控制欲而分崩离析。

追求权力者的阴影小孩想要保护自己不被毁灭。尽管已经把自己的情绪压抑在了厚厚的保护墙之内,他们还是感到自己很容易被人攻击,很容易受伤。他们不仅想要控制周围的一切,也想要控制自己。通过一丝不苟的秩序、完美主义和严格遵守规矩,他们就可以战胜对自己弱点的恐惧。在很多情况下,他们会出现一些强迫症行为,如不停洗手等。

许多控制狂要求自己完全自律。控制欲和追求完美很大程度上相关:每一卡路里热量都要被精确计算,衣服和生活环境必须一直保持特别干净整洁,全部活动都要严格按照日程安排进行,等等。

控制是权力的孪生姐妹。就像过于迎合他人的阴影小孩一样,叛逆的阴影小孩也认为同伴有很强的控制欲,特别强势,只是他们不是以"听话"的态度,而是以反抗对待同伴。使用自主性保护机制的人用主动或者被动的反抗,反对任何形式的外界干扰,或者(想象中)针对自己的攻击。问题是他们经常是小题大做了。这是从他们的阴影小孩的角度出发的结果:他们认为,自己很弱小,对手很强大。这样很快就产生了一种认知扭曲,无伤大雅的评论被理解成了一种攻击或者失礼。"尊重"是追求权力者最喜爱的概念。他们的阴影小孩在自己的父母那里没有得到尊重,这给他们造成了很深的伤害。批评对他们来说就像小小的盐粒,同伴没有表现得专注,或者很固执,都会让他们的伤口火辣辣地疼痛。

当我写下这些内容的时候，我也想到了那些老式的大男子主义者，至少在北欧和中欧，这种男人相当多，他们处心积虑地谋划如何向女性施加权力。这种性格经常是一代代传下来的。在许多案例中，这些人的父亲也是大男子主义者，或者用以前的话叫"独裁者"。儿子们受制于他们专制的父亲，后者似乎表现得很强大，但从未展示出应该如何合理地处理诸如害怕、悲伤、羞耻和无助这一类情绪。这些脆弱的情绪在儿子们的心中被封锁起来，只留下一副强大的外壳，只允许出现强势的情绪，比如愤怒、攻击性和开心。为了维持自己的强大，大男子主义者必须压制伴侣（以及其他人）。只有处在强势地位时，他们才能感受到自己的强大。强势和弱势是他们一直很在意的问题，在他们的世界里，不存在什么伴侣之间的平等。

和一个特别强势的人相处，你只会感到挫败感和退缩。有些女人可以一辈子和一个大男子主义者相处，她们会悄悄绕开对方的规则，暗地里完成自己想要做的事情。她们不能表达公开反抗或者坚持自我，否则会导致战况升级。唯一重新获得自由的方法是和这样的男人分手。只有这样，大男子主义者才有可能反思自己的行为，做出改变。在追求权力者身上，这种加害者—受害者之间的角色转换表现得特别明显：曾经的受压迫者现在变成了压迫者，把自己不愿意感受到的无助感全部施加在了伴侣身上。

逃跑和回避

最常用也最有意义的自我保护机制是逃跑和回避。再次提醒大家，所有的保护机制都可以找到合适的解决办法，关键在于我们是否相信自己最终可以做到这一点，我们正视冲突还是回避它。

逃跑这一保护机制的问题在于，出现问题时不解决，至少从长期来看，会导致更多的问题出现。这样看来，一直回避现状或不处理问题会让问题越来越严重。这种恶性循环的一个例子，正如心理学家所言，是面对恐惧的态度：如果你一直害怕面对，恐惧就会越来越大，最终将你吞噬。

自主性动机特别强烈的人会把自己的内心封闭得死死的。因为他们从小就被训练要为其他人的期望服务，他们害怕自己在人际交往中很难坚持自我。一旦身边出现一个可能对自己有期待的人，他们想要迎合他人的程序就启动了。他们在与他人交往的过程中会失去自己，尤其是在一段紧密的亲密关系中。所以他们喜欢躲进自己的四面高墙之内。只有这样，他们才可以做自己想做的事。独处的时候，他们尤其能感受到自己想要什么，当下的感受是什么。

除了退缩到个人生活中，逃避到各种活动中也是一种特别流行的保护机制，可以避免自己在两性关系中有太多亲密接触。沉溺于工作、爱好、网络或者外遇，都是把自己同伴侣的要求隔离开来的有效方式。这种逃离不仅能把自己从伴侣的监控中拯救出来，也能让自己从内心深处的困境中转移注意力。数以百万计的被自己的阴影小孩压抑或者怀疑的人无法静下心来，因为在安静状态下，他们的自我怀疑和恐惧会发出更喧闹的声音。他们用持续的繁忙压抑自己内心的不安和骚动。娱乐消遣也是转移注意力的一个好方法。但这并不能解决问题，而是让问题变得更严重，最终他们不得不面对问题。

我们总是通过逃避一次又一次地告诉自己的大脑，我们没有机会解决问题。但**我们越是顽固地想要逃避问题，与它们有关的信息越会无孔不入地传递到我们的大脑中，这种逃避和恐惧也会变得越来越强烈。**而如果我们正视问题，寻找解决方案，我们会为自己感到骄傲，会感到幸福。下一次遇到同样问题的时候，我们就不会这么害怕了。

假死反射（专业术语"分离"）也是逃避的一种特殊形式，即逃向自己的内心。通常当事人在童年时期就形成了这种保护机制，因为他们在婴儿时期或很小的时候无法让自己的身体逃离。他们学会了封闭内心的情感，让自己完全处于交流之外。那些面对伴侣的亲密感到快要窒息的人经常出现这种反应。在这种情况下，伴侣会感受到他们完全心不在焉，为此很受伤，觉得自己要被抛弃了，这也是受到分离困扰的阴影小孩很小就感受到的感觉。在这里我们再一次看到，被人拒绝这种令人窒息的情绪，是怎样无可避免地传递到他人身上的。

攻击和突袭

攻击和突袭自古以来就是保护自己和自己地盘的一种方式。人们总是希望维护自我和个人利益，攻击和突袭是对他人逾越己方边界的一种回应。对于生存空间和资源的竞争构成此行为的强大动机。在与人友好相处（联结）的环境中生活，或者在充满敌对情绪（自主性）的环境中生活，是人类生活的基本经验。

问题是在21世纪的文明世界中，我们把什么定义为冒犯界限和攻击？叛逆的阴影小孩在伴侣来到自己面前，或者被唤醒的时候，就会感到受伤。他们很快会因为伴侣向自己提出的要求感到窒息（即使这些要求可能是完全合理的），然后根据各自的脾气，要么逃走，要么诉诸暴力。根据具体情况和可能性，许多人还会在不同的自我保护机制中横跳。攻击性是针对阴影小孩的恐惧的回应：通过突然爆发攻击、侮辱和争吵，他们可以和想要亲密以及提出要求的伴侣保持距离。或者他们可能害怕被抛弃，想要控制伴侣，好把伴侣可能出现的追求自主性的苗头扼杀在摇篮里。非常强势的男人和女人试图通过攻击、突袭和追求权力来统治伴侣，以此让自己不受伤害。

攻击性也可能是因为挫败感和伤害过多而产生的。当伴侣反复要求亲密和联结的时候，一个追求和谐、适应他人的阴影小孩可能会变得暴躁。他可能突然觉得太沮丧，太受伤了，他的愤怒太强烈，超过了对于冲突的恐惧。结果是眼泪、争吵和对伴侣的抱怨、咒骂。对于那些有被动联结恐惧的伴侣，即那些想要逃跑的人来说，会出现强烈的失去控制的感觉。所以他们想要获得控制权，并且重新获得自己的独立。出于这个原因，那些非常迎合他人的人也会使用自主性的保护机制，当问题"生死攸关"的时候，他们开始犹豫要不要继续和伴侣在一起。

封闭自我，拒绝沟通

封闭自我、拖延、迟到、拒绝和破坏是被动攻击性的几种典型变体。当人们感到受伤并且对此无能为力的时候，或者感觉伴侣的要求太高无法达到的时候，他们会从内心到外表把自己彻底封闭起来。不管绝望的伴侣如何解释、分析、争取、责骂、哭泣，所有的情绪都像投到了一堵沉默的高墙上，或者只能得到微乎其微的反应。这些把自己锁在墙内的人也许会答应或者承诺做出改善，但并不付诸实施；或者他们会极其痛苦地完成答应做出的改变，让无助的伴侣头痛不已。

汉斯·叶路谢克在他的《亲密关系如何成功——爱的游戏规则》一书中区分了执行攻击性和边界攻击性。前者想要达到某种特定的目的："终于一切都在掌控之内了！"后者的重点是捍卫自己的边界："不要插手我的事情！"也可以说，执行攻击性是主动攻击，边界攻击性是被动攻击。

多数情况下，伴侣双方各占了一个角色，比如一方一直在提要求，而另一方一直在拒绝。比如尤利娅一直想从罗伯特那里获得更多亲密和联系，罗伯特却一直拒绝她。罗伯特的内心有太多被动攻击性，尤利娅却总是爆发出主动攻击性。尤利娅之所以总是非常强硬地提出各种要求，是因为罗伯特一直通过封闭自我和她保持距离。从外部看来，罗伯特是更安静、更沉稳的那个，尤利娅是为所欲为的"悍妇"。但和真正的悍妇、苏格拉底的妻子赞西佩一样，尤利娅的诉求全都是合理的，她的攻击性之所以越来越尖锐，是因为罗伯特一直在沉默。这种被动抵制中蕴含的攻击能量不会比主动攻击少。类似的，赞西佩需要照顾家庭和孩子，苏格拉底一直到处晃荡，和人辩论，而不是在家帮她忙，这让她的压力非常大。

被动攻击的人从小不被允许公开表达愤怒。他们的父母对他们的愤怒情绪没有做出合适的反应。这些父母通常自己就不能恰当表达攻击性，害怕冲突，由此给孩子做出了不好的榜样。有的家庭总是把所有潜在的冲突都掩盖起来。但被拦截下来的愤怒不会永远被压抑，而是会以被动的形式发泄出去。被动攻击的人内心充满反叛和尖锐的愤怒。但因为害怕冲突，他们总是想要迎合伴侣和同伴的期望，压抑了自己的需求。他们对此虽然还是有些怪罪自己，但更怪罪看起来强势的对方，所以会通过封闭自我来被动攻击对方。这就出现了悖论：看上去很迎合他人的被动攻击者却阻碍了合作以及双方的进一步发展，就像罗伯特一样。他们经常认为自己是受害者，觉得自己被伴侣的愿望压迫得喘不过气，所以在他们眼里，自己的破坏行为都是理所应当的。他们的认知明显被阴影小孩扭曲了。

被动攻击者出于内心未觉察到的对于被拒绝的恐惧，不敢表达自己的愿望，虽然极不情愿，还是会表示同意。他们没有把伴侣放在和自己平等的位置，而是当做一个强大的对手。在大多数情况下，他们把强势的父母投射到了现在的伴侣身上。就像一个叛逆的小孩，他们必须反抗这些要求，以此来维护自己的自主权。阴影小孩不想听话，别人期望他们做到的事他们总是要反着来，或者根本无动于衷，只是固执地做自己的事。伴侣会一次又一次唤起那个叛逆的阴影小孩不想感受的情绪：软弱和无助。被动攻击的傻小子是这种类型的原型。这种现象更多出现在男性身上，因为女性由于她们的社交性，更容易谈论自己的情绪和需求。傻小子显露出一种显而易见、未经思考的恐惧，害怕被一个看上去强势的女性控制，所以他总是要把自己锁起来，只做自己想做的事。"让我一个人静静"展示了他们在关系中最大的愿望，如果不是唯一愿望的话。

被动攻击的一种变体是性冷淡或者拒绝性。这种人一直感觉必须满足伴侣需求的感觉，性对他们来说很快变成了一种义务。这当然会很快杀死性吸引力。叛逆的阴影小孩想：至少我的身体是属于我的，你别想要一起夺走！这背后隐藏的往往还有对性无能的恐惧，我已经在前面详细说明过了。

理智化与合理化

另一种和自己以及伴侣的情绪拉开距离的保护机制是理智化和合理化。"出于政治原因我不能和你谈恋爱"是这种态度的幽默表达。这种保护机制更多被男性使用。那些只相信自己判断力的人很少和自己的情绪进行交流，对他们来说，很难在恋爱中做出清晰的决定。他们中的一些人纠结于爱的本质和意义的理论讨论，却从不肯真正地谈一次恋爱。这种理智化通常会使他们和伴侣进行非常激烈的讨论，但直到最后也搞不清楚对方到底在想什么。这种人也喜欢出于"纯粹的理性原因"结束一段关系。比如他们很确定，这段关系因为年龄差距太大不会长久，尽管他们已经和伴侣厮守好多年了，两人之间的年龄差距跟以前相比并没有发生变化。绝望的伴侣撕扯着头发，死活也想不明白，为什么这个"理智的人"会用众所周知的事实来作为分手理由。

这种过于理性的外表下面隐藏的是当事人对被抛弃、被拒绝的恐惧，虽然他们之前总能很好地控制自己的脆弱，以至于自己都感受不到这种脆弱了。由于社会风气的影响，许多男人在处理脆弱的情绪比如伤心、无助、恐惧和羞耻方面都有问题,于是他们会产生攻击性,或者逃到理性中去。理性可以帮助他们找到很多有意义的解决方案,但不能解决恋爱方面问题。当女人讲述困扰自己的私人问题时,男人总是急着马上寻找答案,原因是他们想要逃避自身的情绪。如果他们想要同自己的妻子感同身受,他们必须首先同自己的情绪进行交流。但是他们根本就不想面对伤心或者恐惧之类的情绪,于是他们就想着快点转移话题。这让女性无法理解,感觉自己受到了忽视。

害怕脆弱的情感也可能是男人比女人更难反思自己的原因之一。比起研究自己的心理,许多男人更喜欢讨论务实的话题。或者他们看起来好像是在分析自己的心理状况,实际上还是用自己习惯的理性、理论化的方式,这样他们就不用面对自己真实的情绪了。也有个别男人想要更多地了解自己,但不知道该怎么做。我建议这类人在一天结束后暂停其他事项,感受自己的呼吸,思考一下:我现在的感觉如何?哪怕只能确认某一丝细微的情绪,也不要像往常一样把它赶走,而是有意识地将它放大,让它充满自己的整个身体。当你更多地把注意力放在自己的情绪上,而不是条件反射地赶走它时,会有很大帮助。

为了让大家不要忘记在日常生活中经常进行这个小小的训练,我建议你准备一个闹钟、戒指或者手表,只要你看到它,就会条件反射地想到要暂时停下来。

自恋者的保护机制

希腊神话中有一个美少年纳西索斯,当他看到自己在平静的水面上的倒影时，他爱上了自己。他的余生都在承受这种不能触碰的自恋。自恋者是那些以一种非常自恋的姿态，感觉自己非常伟大和重要的人。然而这种感觉自己很伟大、完美无瑕的表象只是人们在潜意识里发展出来的一种保护机制，好让自己尽可能不要感受到自己受伤的阴影小孩。据我观察，**女性经常出现歇斯底里症状，而自恋者更多是男性**。尽管表现形式不同，歇斯底里和自恋有很多相同点。两种人都想要获得尽可能多的认可；他们的阴影小孩对于拒绝、批评和羞愧都怀有极大的恐惧。

自恋者很早就学会了排挤让自己感到没有价值、可怜的阴影小孩，为此他们发展出了完美的第二自我。自恋者做出一切可以让自己从普通人中间脱颖而出的事情，借此建立起这个完美自我。他们做出超出常人的努力，以求成为特别出色的人，因为他们的阴影小孩感受到的完全是相反的一面。为了压制阴影小孩，他们特别努力地追求成绩、权力、美貌、成功和认可。

自恋是由一系列的保护机制发展而来的，很不幸其中也包括对他人的贬低。所以自恋者对于对手的缺点非常敏锐，喜欢用很刻薄的话来批评对方。自恋者不能忍受自己的缺点，因此也不能忍受同伴的缺点。他们总是太关注缺点，以至于被自身的缺点操控了。别人批评他们，会引发他们自己不想感受到的各种情绪：一种深深的不确定感和无价值感。加害者—受害者之间的转换在自恋者身上体现得淋漓尽致。

一些自恋者会选择相反的机制来抬高自己的身价：他们会美化跟

自己有关的人。比如他们会吹嘘自己的伴侣有厉害，自己的孩子表现多么优秀，自己有多少大人物朋友。

许多人会同时使用吹嘘和贬低这两种手段。在一段新建立的关系或者恋情中，他们通常先是将对方吹上天，然后贬到地底，最后不欢而散。

不管自恋者更喜欢使用吹嘘还是贬低的手段，他们都喜欢从能力、财产和事业等方面来炫耀自己。不是所有人都会大声嚷嚷，或者大张旗鼓。也有一些谨慎的自恋者，不少是知识分子，会优雅矜持地展示自己的优秀和无与伦比。

自恋者也有可爱的一面。他们可以非常有魅力，可爱有趣。有些人特别吸引人。他们对于成功的追求让他们的事业通常很成功，享有很高的声望。他们为了出人头地付出了加倍的努力，通常也硕果累累。这吸引了其他自恋者，也吸引了那些依赖型的人。

如果两个活跃的自恋者结合在了一起，他们的生活就像坐过山车一样，充满了激情和相互伤害。而如果自恋者的伴侣属于依赖型，就不会把自恋者的言语攻击当做一种防御机制，而是想要努力满足自恋者的期待。伴侣的努力肯定会失败，因为无论表现得有多"乖"，他们的行为都不能改变自恋者已经扭曲的感知。自恋者会感到自己的缺点渐渐消失，而伴侣细微的，或者根本就是臆想出来的缺点会被拿放大镜不断放大，导致他们的感知扭曲。当自恋者陷入这种状态后，他们会紧盯着对方的缺点，比如伴侣稍微有点长的鼻子，而伴侣的优点在自恋者的视线范围内完全消失了。这种臆想出来的缺点让自恋者特别愤怒，因为按照他们的标准来看，伴侣是不合格的。对方应该跟自己一样完美。

没有人可以忍受自恋者这种放大缺点的行为。然而依赖型的伴侣会觉得要是自己做得更好一点，或者再漂亮一点就好了，自恋者就会对自己满意了。这是阴影小孩的一种典型的谬论，不止在特别严重的自恋模式中会出现——许多人受到批评都会沮丧，即使这些批评非常不公平，不客观。依赖型伴侣因为自己内心的印记，总是觉得自己不够好，自己有错。其实他们内心的成年自我早就意识到，自恋者老是责骂自己，不是因为自己有错，而是因为其自恋特性。但他们的阴影小孩没有认识到这一点，仍深陷无助的情绪当中，自恋者的批评让他们更加难过了。为了疗伤，阴影小孩竭力想要得到自恋者的认可，做出一切努力让自恋者喜欢自己。而自恋者还是我行我素。依赖者因此感到自己很没用，而又进一步强化了他们的依赖。这是一个恶性循环。

极度的野心和对权力的追求也让自恋者成为不受欢迎的同事和领导。他们很容易受伤，这让他们周围的环境更加糟糕。不了解内情的人很难感受到自恋者会因为什么无伤大雅的事情感到受伤，因为他们的外表看起来如此意气风发，根本不会让人觉察到他们的敏感。他们内心深处受伤的阴影小孩不会把他们从悲伤中解救出来，而是会变得异常愤怒。愤怒和嫉妒是自恋者最常有的情绪。当然他们也可能表现出沮丧的状态，但只是在他们遭受失败、成功梦想遭受打击的时候。这个时候，阴影小孩会陷入深深的怀疑之中，因为他们现在全方位地感受到了自己的不足和差劲。为了安慰阴影小孩,他们必须努力借助原有的策略,卷土重来,再次获得成功。有时候他们的压力太大,以至于不得不去进行心理咨询。顺利的话,他们可以在那里学会接受自己的阴影小孩,安抚阴影小孩,让其理解自己,感受到自己的重要性,不一定非得当个特别厉害的人。

自恋其实是每个人都会使用的自我保护机制。一个人是否会被称为"自恋者",要看他自恋的程度。大家都会小范围地使用自恋的保护机制:我们喜欢表现出自己最好的一面,偶尔也会因此贬低别人一些缺点。有时候我们也会吹嘘炫耀。没人能做到完全没有虚荣心。我们的目光偶尔也会紧盯着别人的缺点。当伴侣让我们丢脸的时候,我们也会感到难堪。我们努力避免感受到我们的阴影小孩,想方设法隐藏我们的缺点。面对否定和批评时,我们也会感到受伤。但我们"自恋"的程度远没有自恋者这么深。

和歇斯底里者相似,自恋者也很难识别出自己的特质。但是如果他们做到了这一点,他们就可以找到打破这一模式的出口。他们需要接纳自己的缺点,安慰自己可怜的阴影小孩。然后他们就不再需要外在的持续肯定,也不必一直贬低他人。

强迫者的保护机制

有强迫人格特质的人追求最高程度的控制权。他们想要把所有人、所有东西都掌控在自己手上。他们大多小时候自主性发展受损,因为父母给他们设置了太多太严格的规矩要求。这些规矩深深地刻在了他们的心里,他们的阴影小孩把这些规矩当成了自己判断好恶对错的标准。他们的阴影小孩充满了自卑和自我怀疑，所以需要通过一些强迫行为排解。**强迫症是歇斯底里的反面**。强迫者的内心严守规则和标准，而歇斯底里者憎恨一切压迫他们的界限和准则，想尽办法逃离和废除它们。

强迫者容易死板，非常节俭，恪守规则。他们很难信任自己，在亲密关系中也很难做到信任。为了保护自己，他们把自己锁在了自主性那一端，他们的行事准则是：可依赖的只有自己！以及：要是全世界都按照我的规矩行事，一切就会顺利运转了！为实现这一保护机制，他们做出严重牺牲，包括严格压抑自身的需求。他们绝对不允许自己的情绪自发地流露出来，绝对不可以坦然地享受生活，所有的行为都要按照设定好的程序严格执行。

虽然强迫者总是严格地按照计划行事，但他们经常不知道自己真正想要的是什么。**在强迫症后面隐藏的是情绪层面上对于被抛弃、被拒绝的深度恐惧，强迫者希望通过固定的规则把它们掌控在自己手上。**

强迫是获取对自己生活掌控权，乃至对同伴掌控权的主动形式。强迫者强迫自己，也强迫他人。他们需要权力，但这让他们很快就变得不受欢迎，因为其他人不喜欢被呼来喝去，觉得自己被强迫者教训和贬低了。

对强迫者来说，规则往往比亲密关系要重要得多。如果伴侣没有准备好遵守强迫者的规则和要求，这段恋情就该结束了——至少还没有结婚的时候是这样，因为婚姻是一个不可以被解除的强制性契约。

如果在强迫者的眼里，自己孩子的行为举止"有伤风化"，他们甚至不惜断绝和亲生孩子的关系。

根据著名的人格研究者莱纳·萨克瑟的研究，强迫症的人会不断地朝周围的人传教，因为他们害怕别人向自己展现出生活可以多么轻松自在。他们不愿意陷入诱惑，所以他们必须让周围的人都按照自己的规则行事。这种以坚持自我为中心的规则设置却被粉饰成对于建立一个更好的世界的道德诉求。那些不按照强迫者的规则行事的人会被认为是不道德、反社会的，应该作为社会的蛀虫被唾弃。

从积极意义上来看，强迫可以视为坚持做正确的事情、坚持传统的努力。那些心理健康、只有轻微强迫气质的人，是传统和制度的捍卫者——传统风俗习惯的保护者。他们把一切都做得很精准，人们可以百分之百相信他们。即使伴侣对他们不够好，他们也会在亲密关系中保持忠诚，很有耐心。在这方面，他们对未知和新鲜的恐惧也发挥了作用，熟悉的事物给他们带来最大的安全感。

强迫者对坚持规则、完成义务有严苛的要求，他们害怕和他人紧密联结。**在婚姻面前，他们强烈怀疑这个大胆行为是否正确，他们不确定自己是否挑对了伴侣。**他们的内心非常抵触婚姻，尽管另一方面婚姻符合他们传统的价值观。他们的抵触是因为他们坚定地认为一纸婚约是不能解除的。对强迫者来说，只要签订了协议，就不能破坏协议分开。强迫症的程度越深，这段亲密关系或者婚姻就捆绑得越紧密，它被看成一段需要双方对彼此负责、永远联结的契约。由于强迫者把生活看作一种义务，往往出现的情况是，他们越来越讨厌伴侣。最终他们的婚姻变成一种施虐的关系形式，一直折磨伴侣，因为他们觉得是伴侣把自己捆绑在身边。

爱情对强迫者来说是一种威胁，激情和热恋尤其危险。热恋和激情是计划和组织的反面，对强迫者来说是最让人不安的东西。因此他们努力控制自己的情绪，他们不想信赖情绪。雪上加霜的是，虽然一生都在练习压抑自己的情绪，但他们并不能很好地识别它们。对他们来说，自己的情绪跟别人的一样难以捉摸。强迫者很可能以一种完全不合时宜的客观理智的形象，破坏各种浪漫的场景。他们在恋爱关系中几乎不怎么表达自己的情绪。

强迫思维中包含了严格的等级制度，上／下，强势／弱势，权力／无能，胜利／失败这些分类是强迫者考虑问题的方式。由于他们小时候多次体验到软弱无能的感觉，他们的阴影小孩发誓再也不要陷入这种弱势的情境中，就像在父母身边那样。所以强迫者在亲密关系中总是表现得非常追求控制权，他们必须是强势的那一方。伴侣只能屈服于他们的规则，否则就要分手。强迫者这种绝对不要陷入弱势的追求对伴侣提出了过高的期望。与他们就关系进行讨论也是一种奢望，因为他们对弱势和毁灭的恐惧控制了他们，让他们非常强势和专横。这种专横也可能出现在只有轻微强迫气质的人身上，他们非常固执。

强迫者在亲密关系中的另一大问题是他们缺少冲动和真正的爱的能力。 他们的伴侣经常渴望更多温馨的亲密和共处的时光。强迫者绝对可以保证有共处的时光，但他们会为此制定好详细的计划。比如他们可以计划好每周五晚上和伴侣一起度过，但是一切都像设定好的程序那样精准，就像他们对待其他所有人一样。他们当然也无法满足伴侣想要更多亲密的愿望。如果伴侣对此加以指责，强迫者会非常生气，因为在他们眼里，自己已经完美地满足了伴侣的愿望。由于他们把一切都按照规则安排，他们失去了同理心和情绪波动的能力。他们很难对伴侣的需求感同身受——要做到这一点，需要他们首先和自己的需求进行更好的交流。抑郁者共情太多，而强迫者相反太少了，他们一直在追求拓展更大边界，实现自己的兴趣。

强迫者在人际交往中还有一个特殊的挑战，即他们和金钱的关系。他们特别抠门。一个早就想买的必需品可能会演变成一场悲剧。守旧、想要保留一切的保护机制也体现在他们超乎常人的节俭中。许多争吵都起源于经济问题。在这里，伴侣也会因为强迫者的毫不妥协败下阵来。

那些只有轻微的强迫特质的人有能力建立好一段亲密关系，作为伴侣他们很值得信任。但是他们也会出现过于看重规则和计划的情况，不喜欢意外。他们会严格控制自己的支出，相当小气。不少人相当专横。伴侣可以非常信任他们，但必须给他们留出许多发挥空间，因为即使是只有轻微强迫特质的人，也需要按照自己熟悉的规则行动。

如果强迫者想要放松自我的话，他们需要去做他们恐惧的事情，也就是放弃控制欲，相信别人。强迫者的阴影小孩需要更多联结能力，需要争取更加相信自己。

分裂型人格者的保护机制

分裂型人格意味着"分裂";有分裂型人格的人把他们的情绪从思想中分裂了出来。这种人格特质是抑郁的反面。它和"患精神分裂症"没有任何关系,虽然这两个词听起来很像。抑郁者在紧密的联结中寻求安全感,因为形成自我意识和成为自己让他们害怕。而**分裂型人格者害怕联结;独处是唯一让他们感到安全的状态**。分裂型人格者展现出特别突出的特质,一定要和其他人保持一段安全距离。

有分裂型人格的人小时候大多没有得到过温暖。拒绝、性侵、虐待是挥之不去的阴影。同时,也有基因决定的因素——分裂型人格者天生就很理性。他们不是那种很黏人的小孩。如果母亲忽视他们发出的信号,一直紧紧地抱着他们(因为觉得小孩子都需要这样),这种亲密泛滥会导致孩子发展出分裂型人格的保护机制。为了理解这一点,请设身处地地想想婴幼儿的状况。在刚出生的头两年里,孩子的自主能力少得可怜。如果他被虐待,或者得到了过多关注,为了保护自己,他只能把关注点完全缩回自己身上,完全关闭所有的情绪,这就是分裂型人格保护机制的核心。

如果我们观察具有强烈分裂型人格特质的人,会发现他们的理智非常敏锐,思维有高度的独立性。通常他们是策划者、社会改革者。他们有很高的智力,而且几乎不依赖他人做判断。他们一个人可以活得很好,几乎不需要与人交流,也不需要别人的认可。由于他们一直封闭自己的情绪,他们的神经绷得非常紧。他们在所有的工作里都表现非常出色,因为他们有冷静的头脑。有分裂型人格的男性比女性更多，因为三分之二的男性都处在自主性这端，因此更常展现出自主性的保护机制。

分裂型人格者的问题在于他们缺少联结的能力。他们不能信任他人，把自己交付出去。他们的阴影小孩内心太过不安，又缺乏划分界限的能力，需要和外界划出明确的边界来保护自己。他们和别人总是保持很远的距离，他们没有能力与别人感同身受，无法想象别人会想些什么。他们在和别人的交往中感到很无助。他们不知道应该相信自己的直觉，还是一切都只是自己的想象。比如如果有人朝他们笑，他们不确定这个人是在表达友好，还是在嘲笑他们。这种交流障碍随着年龄的增长逐步加深，让人经常处于极大的孤独之中。还有一些分裂型人格者具有非常出色的观察能力，以此来隐藏自己的社交缺陷，其他人会误认为他们有很高的共情能力。

一般分裂型人格者对待他人都很高冷，拒人于千里之外。但也有些人会表现得特别友好亲切，这是因为他们在人际交往中开启了一种运转模式。他们用一系列被社会环境认可的行为模式来掩盖自己内心深刻的不安感。他们总是假惺惺的。如果有人唤醒了他们内心深处的恐慌，就会发现他们实际上多么冷漠。由于分裂型人格者知道自己的真实面貌，他们总是害怕自己会被曝光。一个来访者告诉我，他小时候有一次发现了自己完全不同的另一面，为了不引人注意，他会模仿其他孩子的行为："当其他小孩笑的时候我也会笑。别人在生日时可以挑选礼物，我也这么做了，虽然我其实根本不想这么做。"直到今天，他还总是隐约有些担心自己什么时候会被揭穿。

分裂型人格者希望穿着隐身衣出门。他们在没人认识自己、不需要满足什么期望的时候感觉最自在。他们有怪癖，是社交爱好者的反面。不止一次，他们听到有人叫自己名字的时候僵在那里，如果周围环境允许的话，他们其实很想径自走开。他们强烈地向往自主性和自由，最能代表他们的内心独白是"我只想一个人静静"。他们没有什么感情生活，缺乏激情，基本情绪就是冷漠，他们对生活也没有什么特别的热情。他们就像一群局外人，冷眼旁观别人的生活，自己完全不想掺和进去。据我观察，作家里面的分裂型人格者比例尤其高。优秀的观察能力和几乎不带个人色彩的冷静结合起来，可以激发出巨大的写作才能。在小说里，作家经历了另一种生活。

令人惊讶的是，大家和这类人通常只是点头之交，因为他们没有建立联结的能力，大家完全不知道他们有什么生活上的烦恼。例如我有一个来访者特别活跃，积极参与政治和艺术，甚至很喜欢社交。他喜欢辩论，有很多朋友，也有数不清的情人。人们绝对想不到，在这样一个看起来很热爱生活的人背后隐藏着严重的分裂，实际上没有人真正走进他的生活。当然也有不少分裂型人格者被认为很古怪，典型例子就是几乎没有社交的电脑宅。

分裂型人格者最大的问题在于亲密接触方面。他们最多能在短时间里接受亲密和近距离。有些人完全有能力陷入爱情，但这种感觉并不会持久。他们的爱就像强烈的"无线电波"那样，在经历过开头的热恋之后就消失得无影无踪，在很长时间和伴侣保持距离之后又有可能突然冒出来一下。亲密对分裂型人格者是种威胁，会让他们很快失去自我的边界。由于他们通常具有充满创伤的童年经历，他们等待亲密关系降临到自己头上，而不会主动和伴侣一起建立。他们觉得爱是被动的接受，是依赖。他们的阴影小孩内心深处感到很无力软弱，所以经常用攻击性对待亲密。而他们的伴侣在遭受了生硬的拒绝、冰冷的话语、交流被粗暴打断之后，会在短暂的亲密之后重新保持距离。

分裂型人格者保持距离的另一种方式是假死反射。他们几乎完全不在状态，内心从交流中完全抽离出来。虽然他们还在跟对方说话，其实就像行尸走肉。他们逃到了自己的内心深处，就像小时候学到的那样。这让他们的伴侣感到非常心痛和孤独。分裂型人格者拒绝让自己体会到的孤独，几乎都让他们的伴侣体会到了。

有一些分裂型人格者根本不会进入一段恋情，他们一直保持单身，甚至嫖娼来满足自己的性欲。还有一些分裂型人格者可能结婚，但动机是，结婚是一种很好的社会伪装，这样他们就不会被视为有联结障碍的怪人了。这样一来，这段婚姻是按照分裂型人格者的规则来缔结的，也就是说，他们单方面决定了伴侣什么时候可以亲近自己，什么时候不行。

一般情况下，分裂型人格者的情感在过了热恋阶段后就不会特别强烈（伴侣可能都没有注意到这一点），一旦关系稳定下来，等双方缔结了联结之后，分裂型人格者的情感就完全消失了。不仅仅是情感，性欲也没有了——至少是和自己的伴侣不再有性生活了。一些分裂型人格者还是会和伴侣做爱，但他们是把性和情感完全分离开来，仅仅把伴侣视作满足自己需求的性对象。因为分裂型人格者几乎与伴侣没有联结情感，他们往往会出轨，并且不会对此愧疚。不过也有一些人出于原则会一直保持忠诚。

分裂型人格者为何要同伴侣建立联结？ 答案是：因为联结愿望是人类存在的基本动机，许多分裂型人格者的这一动机还没有完全灭绝，他们的内心还有未熄灭的对爱和亲密关系的向往，尤其是在他们还没有伴侣的时候。虽然在亲密关系之中，对方的亲密让他们感受到了威胁，但独身对他们来说是一个更坏的选择。最好的办法是伴侣尽量不要向他们提出亲密的要求，让他们有自己的空间。如果伴侣停留在远处，他们会认为伴侣是一个温暖的源泉，他们会特别感激这一点。伴侣还必须非常独立，对他们毫无要求。伴侣需要向他们发送爱，但不能有自己的需求。这些要求当然几乎没人可以做到。

分裂型人格者的亲密关系可能会很残酷。当分裂型人格者强烈地怀疑自己是否被爱的时候，他们会向伴侣施加仇恨和报复。他们会敌视和辱骂伴侣的喜爱和温柔。比如当伴侣发自内心地表达自己的喜爱时，分裂型人格者会反过来讥讽道："你是做了什么亏心事吗？不然干嘛在这里花言巧语。"不少分裂型人格者总是通过挖苦来打击伴侣的真心。虽然内心很喜欢伴侣，他们还是会用最伤人的话攻击对方："不要这么低三下四，你自己照镜子好好看看！"没有伴侣能一直忍受这种持续攻击，除非是逆来顺受的受虐狂，他们出于对于被拒绝的恐惧和内疚，觉得必须接受一切，或者就是对被折磨有特殊的兴趣。

如果一个分裂型人格者想要变得可爱一些，他必须控制自己受伤的阴影小孩，不断向其解释，他现在是个大人了，有能力保护自己，最重要的是：他现在很安全。

　　现在你认识了许多种可能出现的自主性方面的保护机制。有没有发现自己采取了其中的某些？如果你还没有这么做，请把你经常使用的自主性的保护机制写在阴影小孩的双脚旁。

别让孩子成为夫妻关系的地雷

我们的许多冲突都和阴影小孩及其信念或者保护机制有关。有时候，一段亲密关系陷入危机是由于原本的生活状况失去了平衡，比如说，当两个人成为父母的时候。在任何情况下，伴侣双方都很有必要探寻冲突背后的原因，找到更高维度的冲突主题。

这次我想用雅尼娜和丹尼斯的例子来解释。他们结婚了，有两个小孩，一个4岁，另一个5岁。雅尼娜承担了家务劳动的绝大部分，她觉得丹尼斯几乎没有帮她什么忙。因此有时会出现这样的情况，当丹尼斯朝她提出了一个无关紧要的小问题如："亲爱的，你有没有看到我的眼镜？"时，她会忍不住斥责他。最近一段时间，这样的冲突出现的频率越来越高。家里的气氛越来越拔剑弩张。

想要改变这种现状，两人必须心平气和地坐下来好好谈谈，想一想到底真实的情况是什么样的。然后他们会发现，两人之间的关系自从孩子出生后就开始失去平衡：雅尼娜完全承担了照顾者和给予者的角色，而丹尼斯很少参与家庭生活。雅尼娜被肩上的重任压得喘不过气，所以她理所当然地要把怨气发泄到丹尼斯身上，因为丹尼斯的获取—付出账户透支得太厉害了。询问他的眼镜在哪里，这个问题看起来无足轻重，却正好触动了雅尼娜的痛处。一直照顾孩子们就够她忙活的了，她没有精力再管丹尼斯的琐事，丹尼斯应该承担起收拾好自己日常用品的责任。而对丹尼斯而言，他觉得自己非常委屈，因为雅尼娜一直因为一些琐事朝他发火。如果他们两人能够意识到冲突的根本原因，他们就会一起寻找一种新的相处模式。

接下来我会为大家介绍一些典型的冲突模式。

一方过于自主，一方过于联结

雅尼娜和丹尼斯刚认识的时候，各自都有住房，有工作，因为他们希望两个人都可以自己挣钱养活自己。他们喜欢这种独立的状态。谈恋爱的时候，柴米油盐离他们很远，他们觉得自己非常幸福。一年之后他们开始同居，又过了一段时间他们结婚了。

没多久他们的第一个孩子出生了，一年之后第二个孩子来到了世上。他们商量后决定前几年雅尼娜在家带孩子，丹尼斯工作赚钱养家。丹尼斯是一家大银行的经理，收入还算不错，但加班对他来说是家常便饭。晚上回到家后，他只想好好休息一下。雅尼娜于是承担起了家中几乎所有的家务，包括每天晚上给丹尼斯做饭。但丹尼斯从来没有意识到，饭后应当帮忙收拾一下，他通常吃完就躺在沙发上看电视，再喝一杯小酒，很早就去睡觉了。对孩子而言，雅尼娜几乎是唯一的联结人；他们都觉得爸爸不是一个可以亲近的人。尽管周末整个家庭经常会一起活动，但这越发凸显了丹尼斯是个"周末爸爸"的事实。

丹尼斯忙于事业，而雅尼娜感觉自己离工作越来越远。她越来越没有自信心，尤其担心丹尼斯会觉得自己这样依附于他人的样子没有了吸引力。他经常表现出没有什么兴趣做爱,她认为,他肯定很怀念曾经那个没穿围裙的独立女性雅尼娜。她数次尝试让丹尼斯体谅她的现状,向他提出过解决办法,希望能有更公平、更好的角色分工。在这些谈话中,丹尼斯有时候表现得特别理解,有时候又戒备心很强。他总是变来变去的,最终毫无改变。

从自主性—联结角度来看,丹尼斯和雅尼娜之间的平衡已经被打破了。丹尼斯独自一人代表了自主性的方面,雅尼娜只能依附于他,她完全被束缚在这段关系里了。而当他们还没有孩子的时候,他们可以同时实现自己的联结和自主性。

最自由相处的伴侣在成为父母之后也有可能回归传统的角色模式。从父母那里学到的角色模式在我们心中留下了深刻的印记。即使我们现在没有表现得和父母一样,我们也经常会充满恐惧地认为自己和他们表现得非常相像,我们是自己母亲或父亲的 2.0 版本。如果我们不想掉进这样的陷阱里面,首先我们必须认识自己的印记,这样我们才能有意识地除去这些印记,对工作和家庭任务的分工建立起自己的想法,发展出掌控自己生活的能力。

当然,也有可能一段婚姻按照双方家长的传统角色分工模式就非常幸福,只要双方都对此感到满意。但很多女性在生孩子之前本来拥有良好的工作前景,或者已经做出一番事业,对她们来说,长期做全职妈妈不是正确的定位。尤其是对那些受过高等教育的女性而言,重回职场的需求尤为强烈(这一点同样也适用于全职爸爸)。但希望继续职业生涯的女性通常都只能找到一些兼职。这让很多人都非常苦恼。至今众多公司还没有做出大的改变。

一份工作的要求越高，兼职的人得到它的可能性就越低。如果这些母亲在数月或者一年全职带娃之后想要全身心重返职场，要么她们的老公得退回家庭，要么她们只能在工作日把孩子交给陌生人照顾。这两种方法对许多家长来说都无法接受。当丈夫为了妻子着想，牺牲自己的职业雄心的时候，往往会出现经济损失。而要把只有几个月大的孩子交给陌生人每天照料十个小时，也是很多家长不能接受的。他们希望可以随时陪伴自己的小孩，不愿意让孩子在保姆的照料下独自长大。尤其是当孩子有什么发育缺陷的时候，家长的悉心照料尤为重要。

在亲密关系咨询中，许多年轻的父母抱怨，他们好久都没有度过二人时光了，因为所有的时间都被工作、照顾孩子和家务占满了。一对夫妻甚至在咨询中告诉我，他们幻想着仅仅是再一次两个人去散散步！他们告诉我，之所以他们可以忍受这种苦恼，是因为身边的其他朋友都是这么过来的。

另一方面，有的家庭中有一方完全无法把家事交到陌生人手中。我记得有一位五个孩子的母亲，住在一栋大房子里，还有一个更大的花园要打理，她非常固执地拒绝找家政服务或者园丁，尽管经济上对她来说完全不成问题。她的阴影小孩展现出这样的信念："不要相信任何人，你只能依靠你自己！"这种信念阻碍了她做出每一个理性的决定（直到她消除自己根深蒂固的信念为止）。

在一个家庭中紧密地和某一种固定的角色分工捆绑在一起，会导致权力的不平衡分配。

围绕家庭和社会地位进行的权力博弈

亲密关系失去平衡，通常和双方获取权力的源头变化相关，即：工作、金钱、培训和教育水平、和孩子的关系、和朋友以及家庭的关系。刚开始的时候，雅尼娜和丹尼斯两人获取这些资源的通道是均等的。他们俩都有不错的工作、足够的钱，和朋友经常往来等。但自从孩子出生后，这种关系被打破了。

自主性和权力会结成同盟，联结和依赖也是如此。丹尼斯获得了更多的自主性，他们之前的平衡被打破了。他又获取了更多权力的通道，比如工作和金钱，所以他比雅尼娜获得了更多的认可，这让雅尼娜觉得低人一等，依赖对方。另一方面，雅尼娜在"和孩子亲近"方面拥有更强的权力。丹尼斯因为自己在家庭中的地位不那么重要，就去外面寻找自己的位置。幸好雅尼娜没有利用孩子来报复丹尼斯，和孩子们结成紧密的同盟来控制他。要知道，不少母亲会让自己的孩子反抗"邪恶的父亲"。相反，雅尼娜一直在努力让丹尼斯更多地参与到家庭生活中去；是丹尼斯自己选择边缘化。他的阴影小孩被他的父亲影响很深，结果他自己也成了这样一个父亲形象。

丹尼斯和孩子们在一起的时候感到自己笨手笨脚的，所以宁愿躲到别的活动中去。他自己小时候和父亲的关系就很紧张，因此也不知道该怎样与自己的孩子交流。对丹尼斯的阴影小孩来说，与子女进行温馨友爱的互动是件非常尴尬的事情。如果他想缓和与孩子以及与雅尼娜之间的关系，他必须反思自己熟悉的印记，做出新的决定。但他没有这么做，相反他抵制雅尼娜做出的改变尝试，因为他在潜意识里要捍卫自己作为唯一的养家糊口者的角色。在意识层面，他总是不断地指责雅尼娜很少认可他为家庭做出的经济贡献。这种指责让雅尼娜出离愤怒，因为这种说法一点都不公平：她每次开启的有关两人之间关系的谈话，都正是建立在尊重他为这个家庭做出的贡献之上的。但丹尼斯的阴影小孩处在应激状态下，无法接受客观的评价，对可能出现的不公平进攻充满敌意，因此两人总是无法达成有效的讨论结果。

有的时候，丹尼斯大体上接受了雅尼娜的抱怨，之后却没有任何改变。除了经济责任，他的阴影小孩拒绝承担自己对妻子和孩子的任何责任。这里涉及我们所说的另一个常见的冲突模式，即付出与获取的不公平分配。

付出与获取不平衡

一段亲密关系想要成功，伴侣双方应该在付出与获取之间达成一种长期的平衡状态。但是当双方分别处于联结与自主性两个极端的时候，就像丹尼斯和雅尼娜，或者罗伯特和尤利娅那样，通常付出和获取之间的平衡就被打破了。

在雅尼娜和丹尼斯的例子中，雅尼娜几乎独自一人承担起了所有的家庭劳动，而丹尼斯一直专注于赚钱，这虽然对家庭幸福来说也是非常重要的贡献，但是这种贡献是非常抽象的，因为它在平时只是银行账户上的数字。相反雅尼娜永远扮演着付出者的角色，要时刻照顾孩子们，并且要满足丹尼斯身体和情绪上的期望。

在某些生活阶段，付出和获取之间的不平衡是无法避免的。不过，只要主要获取的一方对主要付出的一方表现出足够尊重，后者就可以在心理上得到补偿。这些可以通过言语表达出来，比如丹尼斯可以经常向雅尼娜表达自己很感激她牺牲事业，艰辛地照顾孩子。不一定非要等到某个特别的时刻，平时也可以做出一些小小的表示，表达自己的感谢和重视，如鲜花、首饰或者甜点等。另外，主要获取的一方要注意，有空的时候为伴侣减轻一下重担。通过这样的行为，主要付出的一方就会感到自己的付出得到了重视。

另一方面，付出的一方也要注意，不要老是自居牺牲者，并将获取者贬低成始作俑者。关系陷入危机，不仅仅是因为主要付出的一方感觉自己被冷落了，还往往因为获取的一方出现了负罪感。奇怪的是，获取方的负罪感不一定会促使他们付出更多，相反经常会让他们从这段关系中索取更多。不少情况下，感到愧疚的获取方陷入了外遇，因为他们想要一段"更加纯粹"的关系，希望感受到自己是被需要的。而主要付出的一方感到自己被利用了，感觉自己没有受到重视，也很容易被第三者所吸引，开始一段婚外情，或者放弃了从"剥削者"那里获得更好生活的希望。

在这一点上，大家可以回忆一下罗伯特的例子。男人总是倾向于把自己过于关心孩子的母亲投射到他们的对象身上，所以会尽力寻找自己的边界和自主性。对于伴侣要求他们更多投入到亲密关系中的声音,他们会视作对自己决策自由的冒犯。如果他们想要学会更多给予,他们必须首先消除自己身上旧的阴影小孩投射。然而囿于传统,不少女性很难做到心安理得地获取。她们的母亲总是默默付出毫无怨言,这样的榜样给她们影响深刻,以至于她们几乎做不到索取帮助。此外,有些女性有很强的控制欲,很难做到把孩子扔给父亲带。她们认为自己是无可取代的。不少女性有种错误的观念:丈夫带小孩的时候,应该事事做到和自己一样好才行。其实对孩子来说,最好的教育是爸爸和妈妈带来不同的亲子关系,提供不一样的亲子活动。

和所有的亲密关系中的冲突一样,**重要的是每个人都要为自己的行为负责,也要让对方参与进来,做好自己分内的事。**妻子要认识到,让爸爸带小孩并不是一件危险的事情,她需要放心地把孩子交给对方,让他们自由建立亲子关系。一位来访者曾经告诉我,当她有一次出差的时候,她的丈夫是如何粗心地照顾10岁的女儿的——他经常忘记给女儿做晚饭。但是妻子没有对此指手画脚,女儿于是学会自己去冰箱找吃的,或者要求爸爸给她做吃的,然后爸爸就会去做饭。迄今为止,女儿还没有饿到过。这是一个很好的责任分工的界限,给这个家庭避免了很多不必要的冲突。当然在这之前,这位来访者也多次抱怨过丈夫应当承担起更多照顾女儿的职责。因为她的内心住着一个非常倔强的阴影小孩,认为女人不应该发号施令,于是她非常巧妙地把改善父女关系的责任转嫁到了孩子的爸爸身上。

02

改善你的亲密关系

到目前为止，你已经认识了自己的关系模式和保护机制。接下来我会告诉你，如何改变你的内心模式，以及由此产生的那些阻碍你的生活和亲密关系的行为方式。

其实治愈的关键在于，不要一直认同你的阴影小孩，而是要从一个清晰的、成年人的角度识别出，他只是源自童年的幽灵。在内心与你的阴影小孩拉开距离，也就是从旁观者视角出发，你可以剥离那些旧的情绪和消极的思想，建立起适合成年人世界的新思维。你可以建立起新的、有建设性的内心信念，训练健康的行为方式，激活这些可以对抗阴影小孩的行为方式。

在这一部分，我会向你介绍太阳小孩。为了让你更好地认识他，发展出你的力量，温柔地解除阴影小孩的力量，我们需要首先建立起一个强大的成年自我。然后我会列举一些强大成年自我的方法。而首先我想讨论一下，一段健康的关系是由什么构成的。有了具体构想，我们才知道应该构建起怎样的亲密关系。

强大你的成年自我

幸福的亲密关系是什么样的?

前面说过,陷入迷恋的状态和和真正的爱意并不相干。迷恋主要表现在身体感觉上:心跳加速,激动,以及强烈地被对方的身体所吸引。我喜欢把迷恋比作考试焦虑,因为这两种状态特别相似。二者都表现出某种紧张和激动,也会做出相似的身体反应,只不过大家认为迷恋的症状是正面的,而考试焦虑中的种种症状是负面的。我认为迷恋也是考试焦虑的一种形式,只不过考试的内容是:我是不是对方喜爱的类型?我够吸引人吗?你想和我在一起吗?当你第一次看见我素颜的样子,是不是还愿意和我在一起?为了让你和我在一起,什么是我必须要做的?你愿意一直陪在我身边吗?等等。当一个人陷入迷恋的状态时,会想尽一切办法让对方信任自己。

在迷恋的状态下,个体并不信任对方,相反,他尽可能展现自己最好的一面,隐藏自己的缺点,而不是敞开心扉和诚实以对。总体上来说,**迷恋中的人更在意的是自己的表现,其实与对方并没有太大关系**。神经心理学对于迷恋状态下的人做出的研究也证实了这一点:当人们陷入迷恋时,大脑中主要被激活的区域是和自身相关的部分。即使这个人一直想着他的迷恋对象,感受到了强烈的渴望,也是因为这种想念和渴望激发了他自身的快乐,而不是因为他与对方感同身受,想对对方负起责任。后者才是由爱带来的。爱表现为对伴侣高度的责任感和诚实。其他对一段幸福的关系来说不可或缺的因素包括尊重、温柔、同理心和接受对方的缺点。

当人们在积极的意义上认为自己应该对伴侣负责时,会衷心希望对方过得好,避免一切可能会伤害对方的行为,在与对方相处时带着尊敬、温柔和重视。但负责不意味着一切以伴侣至上,迷失自己。相反,负责意味着要对自己的愿望和需求负责,坦率地正视它们。只有这样,伴侣才有机会同样以尊重和重视的态度和你相处。

在一段亲密关系中,人们可以并且应该面对彼此不同的愿望和设想。 这意味着诚实,即双方需要坚持自我,坚守自己的愿望。正因为伴侣之间相互信任,他们可以用交流讨论来探寻双方的界限。那些拥有紧密、舒适的亲密关系的人具有处理冲突的能力,他们知道在爱情中难免会有双方意见不一致的时候,但并不会因此轻易吵架。他们了解自己的阴影小孩,因此伴侣的言语和行为很难造成消极破碎的投射,通常还会感觉到自己是被理解、被尊重的。而在不幸的亲密关系中,至少有一方的内心隐藏着自己从未认识过的阴影小孩。拥有健全人格的伴侣产生冲突后通常会很快消除矛盾,一般经过协商后,问题就得到了解决。例如在面临家务和照顾小孩的工作分配问题时,双方都能承担自己的责任,并且尊重对方。通常情况下,两人达成的协定也会得到贯彻。

相处很久的爱人可以宽容伴侣的缺点,重视对方的优点。尽管他们不再像刚开始恋爱的时候那样强烈地美化伴侣,但美化在某种程度上还一直持续存在。他们有时候也可能大吵一架，但终归会重归于好。幸福的伴侣会吵架，也会和好。他们之间的冲突不会留下裂痕，因为他们从根本上信任彼此，对对方的爱深信不疑。

老夫老妻之间的性是什么样子的？他们之间是否已经没有激情？大多数幸福的伴侣会比较规律地做爱，即使到了年纪比较大的时候。在对待性的问题上，诚实也扮演了一个重要的角色。如果双方相互信任，他们会被对方吸引，做爱就是水到渠成的事。当然此时的性通常不再像刚开始恋爱时那样频繁且充满了激情，但人们可以更清晰地感受到伴侣的爱意。性欲也和感受到的自身的吸引力相关：性冷淡不仅仅是因为人们觉得伴侣不再有魅力了，还可能是因为人们嫌弃自己的身体。男人和女人一样在意自己作为性对象的表现，希望自己在床上表现出色。如果事实不是这样，他们的性趣就会锐减。也有幸福的伴侣不需要做爱，前提是双方都对此没有什么执念。

幸福伴侣的另一个特征是他们喜欢回归到孩童状态。当他们可以重新回到童年时，他们体会到一种温暖惬意的依赖感。研究表明，幸福的伴侣喜欢用小孩子的语气说话，有时候双方会用非常幼稚的语气交流。许多人发展出了和伴侣之间独特的交流方式。这种退行行为可以理解为他们在亲密关系中感受到了被保护的安全感，是一种幸福的自我退化。

当伴侣各方面特质比较接近时会达到很好的状态。无数的心理学研究已经证实，虽然人们更容易被异质的人所吸引，但同种特质的人相处起来更融洽。不同特质的吸引力往往只存在于一段关系开始的时候，到了后来的阶段，双方会很难相处。而相同的价值观、兴趣爱好和文化背景，会让双方的交流变得更加容易，更容易相互理解。

以上列举了建立幸福亲密关系的一些要点。现在你可以设想一下，建立一段让人感到舒服、感受到自己被爱的亲密关系可以是件多么简单的事情。双方既亲密，同时又能感到自由，这样难道不好吗？你可以和伴侣描绘一下这种景象，向他展示什么对你来说是重要的，他一定也愿意与你一起寻求一些好的解决方案。

老实说，这些听起来或许过于简单，唯一的前提是，你要鼓起勇气认识你自己，识别出你的阴影小孩模式，让他得到解脱。

接下来，我想告诉大家如何使自己的成年自我强大起来。前提是你需要跳出受害者的角色，承担起对阴影小孩负责的态度，只有这样，你才有可能积极地参与到接下来的练习中。否则你只是机械地读完这些文字，或许你的内心是赞同的，但转头就忘得一干二净了，然后一切照旧。

要承担起对自己行为的责任，首先你得了解它是什么。只有当你睁大眼睛，意识到自己的内心被一个阴影小孩控制了，你的成年自我才能做出决定，承担起他的责任。你必须做出决定。对很多人来说这一步很艰难。人们总是害怕改变。原来的样子虽然不太美好，但让人感到熟悉和稳定。没有英雄会从天而降来拯救你，你只能不断练习拯救你自己。就像你在学会一个新舞蹈、一项新运动、一种新乐器之前都需要练习一样，你也需要不断训练，才能获得一种新的思维方式、新的感受和新的行为模式。

下面我会介绍一些练习，可以帮助你戒除旧的行为模式，建立起新的行为模式。改变的可能性就在你的手中。

感知自己，转换角色

在所有转变机制中，最重要的一点是，**当人们处在阴影小孩的模式时，需要感知自己的存在，只有这样才有可能转变到成年自我的角色**。提醒大家：想要改变自己，首先必须找到真正的问题出在哪儿。这个步骤我们在分析自己的阴影小孩时已经做过了。

第二步必不可少的是，你需要从成年人的理智出发，认识到你的印记仅仅是依据从父母那里得到的经验做出的判断，完全无法体现你的自我价值。就算你的内心感受完全不认同这一点，至少你的理智也很清楚，你的那些信念根本不是真的。请注意，这些信念会在每一个微小的行为中影响你，让你出于习惯一直在阴影小孩的影响下做出反应，因为它们一直控制着你对现实的感知，构建了你体验到的现实世界。要想感知你自己的存在，最简单的办法是感受你的情绪。重要的是识别出哪些情绪属于你的阴影小孩，比如：羞愧、罪恶感、嫉妒、空虚、对于失去的恐惧、对于被拒绝的恐惧、悲伤、怀疑、压力或者愤怒。

一旦你感受到了这些情绪，你需要马上意识到，很可能是你的阴影小孩出现了。你或许会质疑：此时出现的愤怒或者恐惧是合理的，与阴影小孩根本没有任何关系。这当然也有可能，但是如果这些情绪真的是可以理解、有正当理由的，你的头脑自然会告知你这一点。接下来我会告诉大家，如何区分阴影小孩产生的情绪和其他情绪；你不应该相信阴影小孩产生的情绪。

要想感知你自己的存在，你需要加强对自我的关注，这是每个人自我发展的核心。我一直跟我的来访者强调这一点。不要沉浸在自己的阴影小孩里，而是站在远一点的地方审视自我，并且在再次回到阴影小孩的状态时意识到这一点。这种要求非常高，需要精神自律。很多人虽然理论上清楚这一点，但就是无法做出转变！一旦你有规律地感知自己的存在，转换角色，你的头脑中会一直感受到新的信息流，不久之后，你就会在自己的情绪里建立一个新的模式，它会把你从旧的阴影小孩的情绪中解放出来。

此外，请调整好你的元认知。"元认知"指的是对认知的认知，是一切认知的基础。你需要时刻清楚地意识到，**你的阴影小孩纯粹是来自童年的一种投射，和你成人后的现实生活毫无关系**。为了帮助你强化成年自我，我列举了一些论据，它们可以为坚定立场和理智打开大门。

- 没有哪个小孩来到世界上时是不好的。
- 小孩不会是坏人。
- 小孩会讨人厌，会激动，但这无损他们的价值。
- 家长在成为父母前应该好好思考一下，自己是否愿意承担做父母的责任。

- 孩子生来就需要耗费大人的精力，因为他们手无缚鸡之力，父母必须满足他们最重要的需求。他们的程序设定很简单：活下去！长大！学会所有！
- 如果父母觉得养育孩子的负担太重，他们一定要寻求帮助。孩子可以对此无能无力。
- 父母的责任还包括理解孩子的情绪和需求。但孩子没有义务要理解并满足父母的情绪和需求。
- 父母的责任还包括欢迎孩子来到世界上，给他们足够多的爱。孩子没有义务一定要表现得可爱，才能赢得父母的喜爱。

从今天起，你必须持续地保持关注自我的状态，这样当你再次陷入阴影小孩的状态时，你才可能尽快地感知到。前提是，你感受到了自己的情绪，最好是在情绪刚产生的时候就捕捉到它，不要任由它发展到过于强烈的程度，否则就很难掌控了。

一旦你注意到自己又陷入了阴影小孩的情绪中，让自己转换到旁观者视角，也就是你的成年自我的角度，与自己的情绪保持一定距离。比如在旁观者视角，你会清楚地看到自己已经长大了，没有理由觉得自己低人一等。你会发现，你可以保护自己，去据理力争或者主动离开。

你可能会想："道理我早就知道，但就是很难做出改变。"我向你保证，在本书里面我们还会做出许多尝试，让你用新的方式处理你的情绪。这里只是让你转换一下视角，可以帮助你在成年人的理智中感受世界。你的情绪是不是以后也能感受到，现在并不重要，你只需要首先在理智上理解，你的阴影小孩只是你童年经历的产物，而不是你自己。

练习1：感知的两种视角

在这个练习中，你需要有意识地从当事人视角转变到旁观者视角，它们也被称作感知的两种视角。在第一种视角中，你只关注到你和你的感受，也就是说处在当事人视角下。这里可能涉及阴影小孩的感受，也可能涉及健康人格的感受。另一种视角是旁观者视角，此时你理智清醒，处于成年自我的状态下。

请回想一个你和伴侣或者其他人发生过的冲突，确保你的阴影小孩参与了冲突。最好不要马上想象那个最糟糕的冲突，而是想象一个轻微或中等程度的冲突，这样你才能理解这个练习的原则。请想象一个具体的场景，其间你和对方发生了冲突，或者你极力避免争论，因为你又一次想要适应对方。

1. 请用第一种视角感知，也就是让阴影小孩重新回忆这个场景。你最好待在房间里的某个特定的位置。请从当事人视角，也就是通过阴影小孩的眼睛看待你回忆中的对手。在这样一种糟糕的情景中，感受一下你认为你的阴影小孩在想些什么，你认为他有什么动机和意图，这一切在你心中造成了什么影响。把所有的感受都记录下来后,完全从你的情绪中跳脱出来。最好是马上去做一些别的事情,或者把你的身体从头到脚轻轻拍打一遍。为了抽离出去,你也可以按照字母顺序想想每个字母开头的国家名。

2. 等你从阴影小孩的情绪中跳脱出来之后,你就可以从第二种视角,也就是旁观者视角出发进行感知了。你可以在房间里换一个位置思考。此时请用成年自我的视角观察自己和对手——你与两个人都保持一定的心理距离。甚至可以想象那不是你,而是另外某个你可以想到的、离你最远最没有关系的人。想象你是要对这个案件进行审判的最公正的法官。

- 你从外部怎么看待你的阴影小孩?
- 请分析他的信念、情绪和行为。
- 你觉得阴影小孩的情绪和行为在这种情形下是合适的吗?
- 如果你是自己的教练,你会给出什么建议?

这个练习适用于各种情景和冲突,它几乎是每一个改变和自我调节的基础。在下一个练习中,我们会增加一个视角,即对方的视角,它关系到同理心视角。因为通常转变到旁观者视角是最后一步,我们将把它列为第三种视角,而把同理心视角作为第二种视角。所以三种视角分别是:

1. **当事人视角**:我认同我的阴影小孩(也有可能是我自己的正常部分)。

2. **同理心视角**：我认同对方的情绪。

3. **旁观者视角**：我从外部观察自己和对方。

理想状态下，我们可以毫不费力地在三种视角中变换。当你想要体验各种视角时，你不必再不停地改变你在房间里的位置——这仅仅是为了帮助你更好地转变视角。

许多人通常只会使用某一种视角。那些讨好型、渴望联结的阴影小孩大多处于同理心视角，也就是说，比起自己的愿望，他们通常更强烈地认同对方的愿望。他们尽力了解对方，是为了了解对方对自己的期待。由于他们总是把所有的注意力都集中在对方的情绪上，他们感受不到自己的存在，除非是在独处的时候。

自主性过强的阴影小孩正相反，他们总是忙着捍卫自己的界限，通常都处在感知的第一种视角。也就是说他们只感受到了自己的困境，从来看不到对方的困境。他们很难设身处地为对方着想，总是想要和他人保持距离。

还有一些人总是处在旁观者视角，他们既和自己的情绪几乎没有交流，也无法与对方的情绪产生交流。他们非常客观，但他们的情感振幅非常单调。他们通常很难有什么感受。他们从外部观察这个世界和自己的同伴，但从来不曾真正地亲身参与生活。他们中的许多人经常会有一种感觉：自己只是一台惯性运转的机器。

请仔细地思考一下，你有没有只习惯于使用某一种视角的倾向，或者你可以很轻松地在三种视角中转换？

练习2：感知的三种视角

在这个练习中，你可以再次回想上个练习中设想过的同一个冲突。在上一个练习中你已经尝试过用第一种感知视角，即从阴影小孩的角度看待这个冲突，所以现在你可以跳过这个视角，尝试一下第二种视角。请把自己代入对方的角色，用对方的眼睛看你自己。对方是怎么看待你的？当你在第二种视角上充分探寻后，再次清空所有情绪，转换到第三种视角，即旁观者视角，从成年自我的角度出发，像一个毫不偏袒的法官那样，置身事外地分析局势。此时不要带入情绪，做出完全客观的评判，尽可能地做到中立。分析完之后，像你自己的教练一样，给自己一些行为建议。

三种视角为应对冲突、同理心和客观评判打好了基础。如果你总是习惯从某一种视角看待问题，请在日常生活中不断练习转换到其他的视角。如果你总是认同对方的情绪（第二种视角），在和别人说话时可以有意识地尝试更多地感受你自己。问问自己：我现在和你/你们在一起时感觉如何？我想要什么？我的愿望和需求是什么？有别人在场的时候，也要尝试和自己的情绪保持联系。

而如果你是第一种视角，很难转变到同理心视角的话，请尝试代入对方的视角。注意力集中在这些问题上：他感觉怎么样？他想要什么？

他的情绪怎么样？尝试过后你会发现，你的亲密关系变得更加和谐。

如果你总是处在第三种视角上，即总是用旁观者视角，请尝试转变到第一种视角，做你自己。注意你的情绪，允许自己去感受。寻找生活中的乐趣和活力。多训练几次后，你一定会发现你对自己更有掌控力了。

区分事实和描述

我们都太相信自己的感觉，它为我们的行为指引了方向，让我们马上开始行动——"情绪"（Emotion）这个词来源于拉丁语"emovere"，意思是"从里面移动出来"。但最大的挑战在于，**并非所有我们感受到的情绪都值得信任，如果这些情绪来源于阴影小孩，它们就是一些糟糕的顾问**。我们必须学会控制自己的情绪。但是由阴影小孩产生的情绪，就像我们人格中健全的那一部分产生的情绪一样真实，我们很难区分它们。此外我们的情绪也受基因的影响：外向者比内向者更容易感受到好的和坏的情绪。内向者的情绪更加平和，没有那么戏剧化。

怎样才能区分合理的情绪和阴影小孩的情绪？阴影小孩产生的情绪就一定是不合理的吗？有时我会收到一些读者来信，告诉我，阴影小孩毕竟也是他们的一部分，因此其情绪也是合理存在的。很遗憾这种观点并不完全正确。如果我们明白，阴影小孩运行的程序是一个充满了错误的软件，是我们的父母或者其他相关人士在我们身上造成的细小的"程序错误",我们就会意识到,阴影小孩产生的情绪是对真实世界的错误理解和过度解读。

在这里,投射起到了重要作用。当我们被困于阴影小孩的视角下,我们很容易把对方的行为投射到一种错误的解释上,就像尤利娅,她把自己的信念"我没有能力"投射到罗伯特身上,认为他是更加优越的那一方,基于这种信念,她感到自己被他拒绝,感到自己很弱小。如果她想改变这种情绪,她不应该寄希望于害怕联结的罗伯特最终幡然醒悟开始珍惜她,而是应该彻底反思自己的信念和自己对现实的解释。阴影小孩让我们感受到的一切都是以自我为中心的,小孩子认为周围发生的一切都和自己有关,他们认为是因为自己,父母和其他人才会有这样的表现,而不是出于其他什么原因。如果爸爸朝孩子发火,孩子会想:我做错了,而不是:爸爸太凶了。如果妈妈朝孩子微笑,孩子会觉得自己表现不错。这种镜像自我价值感,让我们在成年后还会觉得,同伴的行为方式和我们自己息息相关。所以说阴影小孩产生的情绪是糟糕的顾问,千万不要听它的。

下面请回想至少三个场景,其间情绪让你陷入了冲突、感到受伤甚至绝望,把它们写在回顾手册上。

练习3:核对现实

回想生活中你与其他人之间出现了问题或者起了冲突的某个

场景，用以下方法进行分析：

对方的行为……

（写下和你起冲突的人的行为，用旁观者视角客观记录。例如：我的伴侣经常没有认真听我说话，总是打断我的话。）

我对这种行为的理解……

（比如：他认为我不重要，他对我的事不感兴趣。）

这种理解可能是由我的哪些信念产生的？

（比如："我不重要！"）

当我这么想的时候，我的感觉如何？

（比如：伤心和愤怒。）

请为这种行为找出至少三种其他可能的解释。

（比如：1. 他是外向者类型，因此非常没有耐心。2. 我说话声音太轻，他没有注意到。2. 他真的对这件事不感兴趣，但这和我没什么关系，我的自尊不是由对方有怎样的行为决定的，对方的行为只能表明他自己的一些方面。）

请慢慢习惯于分清事实和解读，这会为你的成年自我站在旁观者视角思考提供很大的帮助。

从纠缠中解脱出来

当我和另一个人纠缠在一起时,我们之间肯定存在着实际或潜在的冲突。"纠缠"的意思是,我分不清楚冲突的哪些部分(观点、行为方式、情绪等)是由对方造成的,哪些部分是我的责任。尤利娅和罗伯特纠缠在一起,因为她似乎应该对他无法真正走进这段亲密关系负责。由于她的阴影小孩的错误解读,即她的欲求不满是造成罗伯特想要逃离的原因,她把责任揽到了自己身上,于是她不断努力,想要对罗伯特更好一点。如果她想要从这种纠缠中解脱出来,她必须从第三种视角出发,完成以下几个步骤:

1. 在内心中建立一堵玻璃墙,把自己和罗伯特隔开。
2. 客观分析,罗伯特的哪些行为是真的和她有关的,哪些完全是出于罗伯特自己的原因,这样她才能把罗伯特应该承担的责任归还给他。
3. 思考罗伯特的行为是不是真的决定了她的价值。
4. 分析自己的哪些行为加速了这个现状的产生。
5. 把对于罗伯特行为、情绪或投射的责任交还他,仅仅承担自己的这一部分责任。

通过这个练习,尤利娅可以清楚地看到,罗伯特的行为是由于他的联结恐惧造成的,并不能反映出尤利娅自己的价值。她要承担的责任是:她太依附罗伯特了。在这个清醒的分析之后,尤利娅可以做出新的决定，比如将来更加关心自己，做好自己的事情。她也可能在深思熟虑之后最终和罗伯特分手。

相应地，罗伯特会发现，他有责任停止把自己关于母亲的印象投射到尤利娅身上。他或许能感受到，尤利娅希望两人关系更加亲密的愿望是完全正当的，他现在已经不再是个小孩了，没有必要再觉得自己生活在一个掌控欲过强的女人的阴影之下。这让他能够更加敞开心扉，愿意更加走近尤利娅。

当两个人都做过这个练习之后，他们可以在更高的层面上交流罗伯特的逃离冲动和尤利娅的控制欲，更好地了解自己。他们的亲密关系质量由此可以有显著的提升。

讲证据而不是凭直觉

如果你想区分正确和错误的情绪，你需要对自己的观点百分之百确定，这首先需要建立在充分的证据之上。我们的直觉往往是阴影小孩的感觉，是糟糕的顾问。理智相反要更加准确，因此我们需要更多地运用我们的理智。

还是上面这个例子。尤利娅的阴影小孩觉得罗伯特总是冷落她的原因出在她身上，如果她想要克服这种假设，她就必须运用感知的第三种视角，通过分析证据来判断自己的这种假设是不是真的正确。用理智分析后，她的假设可能会有如下改变：

支持假设：我的抱怨牢骚让罗伯特感到厌烦。我自己也因为这种苦闷重了3公斤。我没有给他足够的自由空间。

反对假设：如果罗伯特可以与我更亲密，给我更多时间，我不会一直抱怨。我希望我们每周至少有三个晚上一起度过，这并不是什么过分的要求。此外我也希望和罗伯特一起制定度假计划，因为我对规划未来和做计划的愿望，与他对于灵活性和自由空间的愿望同样重要。所谓的自由空间是指罗伯特想要做亲密关系中唯一的主宰者，实际上一切都是围绕着他的需求运转的，只有在他需要的时候我才可以接近他，他完全不会为我做出妥协。但其实妥协也是亲密关系的一部分。一个男人如果仅仅因为我重了3公斤就不再爱我，那他并不值得我爱。另外，罗伯特在以前的亲密关系中也遇到过亲密问题，比如情绪化的瓦莱瑞不让他亲近。

此外：……我想起来，我因为罗伯特抛弃了克里斯。相比罗伯特，克里斯其实是更有亲密关系能力的人。或许我自己在处理亲密关系中的距离方面也有问题，我之前并没有注意到这一点……

当你注意到自己把某种情绪当真的时候，请练习进入感知的第三种视角，检验你的假设是否是对的。

接纳你的阴影小孩

到现在为止你已经学到了很多：你分析了自己的阴影小孩及其负

面信念和保护机制，让你内心的成年人变得更加强大了。你知道应当如何通过感知的不同视角，让阴影小孩和内心的成年人相处。你也学会了如何分析论据。你已经收集了许多技巧，让阴影小孩平息下来，让自己从负面情绪中走出来。也许你通过这些练习已经发现了，在阴影小孩出现的时候，自己好像没有以前那么容易伤感了。也许你感觉到阴影小孩很伤心、愤怒和迷茫。所以仅仅识别出阴影小孩，把他推到一边，用成年自我的视角看待问题，这么做还远远不够。我们首先需要满怀爱意地接纳阴影小孩，关注他，安慰他，这样我们才能更容易地和他解释，他不再拥有主导我们生活的力量，因为他的时代已经过去，我们现在已经长大了。

你可以用已经掌握的知识直接和你的阴影小孩沟通，安慰他：借助成年自我你清楚地意识到，阴影小孩的负面信念是过去经历的产物，而不是事实。但是你的阴影小孩可能不会马上接受这一点，旧的印记给他打下了深刻的烙印。所以在情感层面接近你的阴影小孩非常重要，这一点只有在你真的接纳他的时候才能做到。

接纳你的阴影小孩是治愈中最重要的一步。当你打开心扉，你内心的高墙才会开始倒塌。当你在内心深处承认自己受到了伤害，你才能开始真正认识自己。如果你一直压抑自己的阴影小孩和他受到的伤害，你会让他在你父母那里受到的伤害延续下去：他的情绪和内心受到的伤痕被忽视和否认了。治愈意味着重新变得完整。通过接纳你人格中的这一部分，你会逐渐完整起来。阴影小孩在阴影中煎熬得太久，所以他会产生如此浓烈的情绪、如此惊人的破坏力，现在他在你的内心找到了可以安息的家园。他越在你的身体里感到自己是受到保护的,就会变得越发安宁。

> **练习 4:接纳你的阴影小孩**
>
> 1. 请闭上双眼,和内心的阴影小孩进行联系。这需要你回想自己的负面信念,在内心感受它们。还有一种办法可以帮助你很快唤醒阴影小孩,比如回想一个他非常活跃的场景,这个场景可能发生在你的童年,也可能发生在你成年之后。回忆一下当时你的阴影小孩感受到了些什么。或许会有一些你最熟悉的情绪,比如恐惧、压力、愤怒、悲伤或者羞愧。阴影小孩就伴随着这些情绪出现。
>
> 2. 深吸一口气,告诉自己:是的,事实就是这样。这就是我的阴影小孩。我可怜的孩子,你现在可以待在这儿。我真切地感受到了你,我很在乎你的感受。我欢迎你的到来!
>
> 3. 继续深呼吸。和你的阴影小孩感同身受。让他确信你会一直支持他。告诉他不再是一个人。告诉他,你,内心的成年自我,会牵着他的手,向他解释整个世界。这样他很快就会在内心最深处感受到自己是完整的,自己已经做得足够好了。

你会发现,越是接受阴影小孩,他就变得越安静。他能感受到自己被关注、被接纳。在日常生活中坚持这个练习,尽可能多地重复。

现在，你的阴影小孩不再主导你的行为。他可能感到害怕和沮丧，想要逃跑，或者想让你和他人保持距离。但你内心的成年人会决定应该做什么。这也像小孩子的真实生活：如果一个小孩害怕去看牙医，父母会亲切地牵着他的手，让他克服恐惧去看牙医；而不会让孩子占据主导，拒绝去看牙医。同样的，也很少有父母因为孩子觉得无聊就允许他不去上学。你也可以和自己的阴影小孩沟通一下：倾听他的心声，让他讲述自己的恐惧和担忧。但最终你要用你的理智和充足的理由做决定，也就是让你的成年自我决定应该做什么。

应对阴影小孩的日常策略

上面介绍的这些练习都需要你花时间练习，长期练习有助于疗愈阴影小孩。但是在日常生活中，你可能不是一直有时间与阴影小孩对话，或者进行三种视角的转换训练。在错综复杂的日常情境中，有时候你会突然发现阴影小孩又活跃起来了，这时你就需要一些简单高效的干预手段。

下面我为你总结了一些方便日常使用的策略。这个清单其实是无穷无尽的——你可以发挥自己的创造力和想象力，找到自己的独家秘笈。重要的是，你要去探索属于自己的策略，最好是把它们都记下来，这样你就可以在日常生活中随时使用它们，不用特意去回想。

激励语

简短、振奋人心的话经常可以帮助阴影小孩镇定下来。想象你是阴影小孩的好爸爸或者好妈妈，在他需要的时候给予安慰和依靠。也就是说，你需要以一种亲切的姿态对待阴影小孩，相应地（在内心）也要这样对他说话。比如说当你觉察到自己因为别人无伤大雅的批评感到受伤的时候，你可以对阴影小孩说："没关系，我们都很好，即使我们犯了一个小错误，一切也都在掌握之中！"或者当你觉察到自己在某个特定的人面前感觉一直被压制时："亲爱的，这不是妈妈／爸爸，现在我们已经长大了，和其他人都是平等的！"

你可以在内心看着你的阴影小孩，抚摸他的小脑袋，这样也会起些作用。不要忙着躲进回忆，一直暗自神伤是非常愚蠢的。试试放空自己——什么都不要看，什么都不要听。你能感受到自己做得还不错，你的阴影小孩会重新镇定下来。

请寻找至少三种典型的会触发阴影小孩的日常场景，并找到相应的激励语，或者尝试使用一种新的感知视角。把这些都记在回顾手册中。

明确的指令

有时候你也可以对阴影小孩严厉一点，因为他可能陷入自怨自艾之中，比如说在失恋的情况下经常如此。即使在阴影小孩的情绪很强烈，比如陷入恐惧的时候，一个明确的指令也会非常有效。要知道，在真实的生活中，小孩子有时候也需要明确界限。如果你觉察到自己陷入了负面情绪的漩涡，一直处于恐惧中，你可以用比较严肃的语气说："差不多够了！你不是唯一一个有烦恼的人！""马上停止胡思乱想，每次都是那一套想法绕来绕去！""你担心的事从来没有发生过，你让我感到心烦意乱，你是个差劲的顾问！"等等。

请准备至少三条可以让你的阴影小孩回归正常的明确指令，把它们都记录下来。

力量源泉

想象的画面蕴含着巨大的能量。也许你经常会联想出一些可怕的场景，给你带来不好的影响。其实你也可以利用自己的想象力描绘出积极的场景。

想象一个可以给你带来巨大力量的画面，它可以帮你平息阴影小孩的恐惧，或者让你的情绪明朗起来。这个画面可以是你喜欢的某个风景，或者是过去的某个让你感到自己强大有力的场景。你也可以选择一个自己在其中很幸运的场景（不会引发悲伤的回忆）。你还可以想象一个完全脱离现实的场景，或者是电影中的某些画面，比如《星球大战》或者《指环王》。重要的是这些画面或者场景能够给你的内心传达一种强大或者安全感。这些画面是你个人的力量源泉。

想象一下你进入到了你的力量源泉中去。把所有的感官通道都沉浸在这个画面中：你看到了什么？你听到了什么声响？有没有什么气味？你感觉怎么样？你的身体感觉如何？请为你的力量源泉设定一个关键词，在回顾手册中画出你的力量源泉的象征（可以是简单几笔勾勒的草图）。

如果你在日常生活中察觉到自己一直处于阴影小孩的模式中，请从你的力量源泉吸取内心的力量，它可以随时帮助你从烦恼中抽离出来。

能量姿势

想象出来的画面可以对我们的情绪造成直接影响，同样，身体姿势也会对我们的精神状态产生影响。心境和身体会相互影响，许多心理学研究都证实了这一点。[①]你可以改变身体姿势，让自己的阴影小孩快速转换到成年自我的模式中去。

练习5：能量姿势——充满力量的肢体语言

在一个宽敞的地方站直：双脚紧贴地面，膝盖微微放松。想象一个场景，在这个场景中你很强大，感觉良好，比如在运动，你获得了某种个人成就，或者你正处在生活中某个幸福的时刻。当然你也可以选择上面提到的力量源泉。

目光下垂，或者闭上双眼。完全沉浸到这个场景中去。你在那里看到了什么？你听到了什么？有没有某种气味或是味道？脚踩着地面是什么感觉？你能感受到怎样的情绪？全身心感受这个幸福的场景，同时感受你的呼吸——你在强大的状态下是怎样呼吸的？感受你的双脚、双腿、臀部、躯干、肩膀和头部。你在强势状态下感觉是怎样的？找到一种最适合这种状态的姿势。从现在起，这个姿势就是你的能量姿势。

在坐着的状态下，也寻找一个相应的能量姿势。

从现在起，每当你觉察到自己又进入了阴影小孩的状态时，调整

[①] 参考Amy Cuddy的演讲：http://www.ted.com/talks/amy_cuddy_your_body_language_shapes_who_you_are。

到你的能量姿势，转换到你成年自我的模式中去。经常练习，你的身体和大脑就会适应过来，你就可以通过转换姿势，自动调整到更好的状态中去。

当你内心的成年自我变得越来越强大，可以管理阴影小孩之后，我想向你介绍一下太阳小孩，他象征着你的资源，以及你梦想中的理想状态的清晰图景。

发现你的太阳小孩

太阳小孩象征着我们的健康人格，他和有问题的人格一起，都处在我们的内心当中。太阳小孩代表着我们幸福、快乐的潜力。回想一下，小时候你可以完全忘我地玩耍和大笑。你无拘无束地看待这个世界，许多你今天使用的善恶对错的标准在当时根本不存在。那个时候一切都是它本来的样子。有趣的是，即使是有过真正悲惨童年的人，回顾儿时也可以想起童年的快乐。这种乐观的力量就源自太阳小孩，他是所有让你感到有诱惑力、好奇、强大的品质的总和。

　　观察你的太阳小孩，就是看到你的积极印记和品质。通过了解你的太阳小孩，你可以挖掘出自己的创造力、成熟的潜质，重塑新的观点和新的自我形象。太阳小孩的视角可以帮助你把旧的信念转变成有益信念。你会发现自己的优点和个人独有的力量源泉，这有助于把保护机制转换成赏识机制，从而发展出有建设性、幸福的亲密关系。这并不意味着你需要完全变成另一个人，因为其实你身上已经存在很多好的和对的因素。当你审视自己，改掉迄今为止所有阻碍你发展、阻碍你的亲密关系的思考和行为模式后，你可以开始关注早就隐藏在你身体内部的正能量。希望你可以再次借助练习，展现出自己有能力建设和强化正面、轻盈的力量。

练习1：美好的童年回忆

下面是一个小小的想象练习，它会帮助你回想起童年时代一些美好的画面。请回答以下问题：
- 你小时候最喜欢的游戏是什么？
- 迄今为止你最喜欢待的地方是哪里？
- 你喜欢跟谁一起玩？
- 你最喜欢的玩具是什么？
- 你最喜欢的食物是什么？
- 你最喜欢哪种香味？
- 你小时候最美好的时刻之一是什么？

请感受一下，这些积极的回忆在你心中触发了哪些情绪，把它们都记在回顾手册里。

现在你可以来找寻自己的积极信念了。你需要再找一张纸（A4或者更大的）和彩笔，来完成接下来的练习。

练习2：找到你的积极信念

请在纸上再画一个小孩画像。为了和阴影小孩区分开来，这个小孩应该画成彩色、看起来很开心的。这就是你的太阳小孩模型。你在本书的后环衬可以找到示例。太阳小孩是你的目标状态，所以他看上去也应该非常出色。这会激励你有兴趣继续新的探索。也就是说，把你的太阳小孩画得越漂亮越好，就像你想赢得一场绘画比赛那样。给他画上脸、头发，按照你的喜好装饰整个画面。

现在来寻找你的积极信念。分为两步：第一步，看一下你从父母或其他监护人那里接受到了哪些积极信念。第二步，将你从阴影小孩中找到的核心信念转变成积极信念。

1. 源自童年的积极信念

如果你和父母的关系很好，你想让他们陪伴在你的太阳小孩身边，那么可以把妈妈、爸爸或者其他监护人写在太阳小孩脑袋两边，并且想想看，他们有哪些好的特质？他们有哪些方面做得很好？请记录下来。

尤利娅的例子：

妈妈：亲切，照顾我。

爸爸：亲切，关心我。

如果你和父母的关系很差，不想让他们出现在你的太阳小孩身边，你大可放弃练习中的这一部分，或者把父母好的特质写在另外一张纸上，在你的太阳小孩身边只写你从他们那里获得的积极信念。

或许你有一个很爱你的奶奶，一位亲切的邻居，一位善解人意的老师，他们曾在你小时候给你带来过温暖。你也可以把他们补充上去。

等你把相关人物的好品质记下来后，仔细感受一下：你从他们身上获得了哪些积极信念？为了帮助你回忆，我列举了一些积极信念：

- 我是被爱着的！
- 我很有价值！
- 我做得足够好！
- 我很受欢迎！
- 我能让人印象深刻！
- 我得到的足够多！
- 我很聪明！
- 我很漂亮！
- 我有很多朋友！
- 我可以犯错！
- 我值得这么幸运！
- 生活很轻松！
- 我可以做我自己！
- 我可以偶尔成为别人的负担！

- 我可以保护我自己！

- 我可以有自己的想法！

- 我可以感受！

- 我可以和他人保持距离！

- 我能做到。

如果你还找到了更多积极信念，请挑出最多两条，写在你的太阳小孩胸口。和之前对待消极信念一样，希望你在日常生活中可以更好地和它们相处。

2. 转变核心信念

现在我们要把你确认过的联结和自主性方面的核心消极信念，转变成积极的一面。

有一些信念，比如"我没有价值"或者"我做得不够好"，它们的反面很容易找到："我很有价值"，或者"我做得够好"。还有一些信念相反，它们的反面不那么好找，需要根据实际情况来找到，因为我们在积极信念中不希望出现像"不"这样的否定词。比如当你持有这样一个信念"我要对你的幸福负责"，反面并不是"我不对你的幸福负责"，这里的"不"会让你在潜意识里一直注意这一点，反而很难做到不去想它。就像如果我要你不去想一个粉红色的热气球，你会不由自主地一直想它。"我要对你的幸福负责"的反面可以是"我可以和他人保持距离"，或者"我可以做我自己的事情"，或者"我的愿望和需求也同样重要"。类似的,"我是个负担"可以转变为"我可以偶尔成为别人的负担",因为每个人都无可避免会在某些时候给别人添麻烦,比如生病或者需要帮助的时候。同样的:"我可以偶尔犯错误。"

转变信念时要适度,让人容易接受。比如说要把"我长得很丑"转变成"我很漂亮",对有些人来说太过夸张,难以接受。我建议可以在这句话中间加个"足够",也就是说"我足够漂亮了"或者"我足够好"。

为了能更好地接受新信念,你也可以对它们做一些限制。如果你认为"我很重要"这个信念太夸张了,很难接受,你可以改为:"对我的孩子/朋友/父母来说我很重要。"把你的新信念设定到让你自己感到舒服的程度。

把你的核心积极信念记在太阳小孩的肚子区域。

尤利娅的例子:
我可以独立。我做得够好!

为了帮助你更好地接受新的信念,请尝试为这些信念找到支撑它们成立的证据。你会发现,比起老的信念,你的理智更愿意支持你新建立的信念。我认为,理智几乎永远有道理,出错的经常是我们的情绪。为了能让你自己感受到新的信念,你需要首先在理智上"认可"

它们。

以尤利娅为例,她曾经有如下核心消极信念:"我肯定会被抛弃。""我没有能力。"

第一步,把它们转变成积极信念:"我可以独立。""我有能力。"

在转换"我迟早会被抛弃"这个信念时,尤利娅选择了增强自己的自主能力,这样她就摆脱了可能被抛弃给自己带来的恐惧。不管她会不会被抛弃,她都拥有对自己的掌控权。而看起来是积极信念的"罗伯特会一直在我身边"反而不是合适的选择,因为这一点只有罗伯特可以决定。积极信念一定要是在我们自己的掌控范围内的。尤利娅的新信念可以是:"我可以随时和别人联结(比如和朋友)。"这个信念强调她可以主动塑造她的人际关系,不会再像小时候那样感到无力和被控制。这有助于加强她的自主能力。

尤利娅支持"我可以独立"这个信念的理由如下:现在我长大了,可以对自己负责了。没有证据证明我必须要依赖别人照顾才能生活。我拥有一切可以独立生活的能力。此外我还有很多好朋友,我和一些亲戚的关系也非常好。当我需要帮助或者安慰的时候,我总能找到可以信赖的人。

尤利娅支持自己新信念"我有能力"的理由如下:我是一个诚实、忠诚的女友。我一直在努力提升自我。我有一份好工作。我不需要事事完美,我可以犯错,我已经足够好了,我可以做我自己。

练习3：太阳小孩的证据

请转到旁观者的视角，即成年自我的视角，为你的新信念找到支持的证据。请把它们记录下来。

练习4：找到你的优点和资源

除了积极信念之外，认识到你的优点和资源也很重要。优点包括一些经常对你有利的性格特征和能力，比如幽默、勇气或者社交能力。你现在可以不吝啬对自己的赞美。"自大一点即成臭"是一个糟糕的俗语。如果你觉得很难表扬自己，设想一下你的朋友会怎么夸你。或者你可以直接问问他们。

为了帮助你找到自己的优点，下面列举一些例子：

幽默、诚实、忠诚、乐于助人、聪明、有创造力、有思想、社交能力强、有同理心、自律、有吸引力、灵活、宽容、有智慧、充满活力、亲切、慷慨、有教养、求知若渴、沉着、热情、坚定、有趣、引人注目、执行力强、可靠、认真负责、开明、同理心强，等等。

把你的优点画在太阳小孩的手臂上。

关于资源，总结一下你的力量来源，或者是可以给你依靠或力量的外部条件，包括：好朋友、良好的亲密关系、家庭、孩子、好工作、足够的金钱、健康、自然、音乐、愉快的周末、宠物、友善的同事、旅游，等等。

把你的资源画在太阳小孩的腿上。

接下来的练习，希望你可以全身心地投入去做。你也可以选择把它当做一个游戏，这样的话太阳小孩会更喜欢。

练习5：感受你的太阳小孩

1. 你最好诚实地对待这个游戏。把画着太阳小孩的纸放在面前的地上。有意识地感受你的身体：它怎么样？然后把内心的注意力集中在躯干部位——感觉集中的区域。把你的积极信念读出来，用心感受它们。你在轻声读它们的时候有什么感受？

2. 回想你生命中的某个场景，在这个场景中，你曾真切地感受到你的积极信念。可以是你和朋友相聚在一起、在工作中、运动或是度假，也可以是你听音乐或是沐浴在大自然中。在你已经度过的日子里，一定至少有一个场景，曾让你真真切切地感受到积极信念的存在。

3. 思考一下你的资源。用你全部的感官寻找它们——视觉、听力、嗅觉、味觉——感受它们是如何向你传递力量的。

4. 转到你的优点上。不光靠想，还要感受它们。当你轻声将它们读出来的时候，你的头脑中感受到了什么？它们在你的心中留下了怎样的印象？

5. 把以上综合起来感受，你的头脑对你的太阳小孩有什么样的感觉？

在你的内心范围内疯狂运转，找到你的太阳小孩姿势。感受一下在这种状态下，整个身体是什么感觉。有意识地体会在太阳小孩模式下，你是怎么呼吸的。设计一个小小的手势表达这种太阳小孩的感觉，让他从你的身体里自然地生长出来。在日常生活中，每当你需要阴影小孩的时候，这个手势作为一个信号，能帮你快速唤醒他。我的一位来访者会无意识地张开她的手，这样她比较放松。这种张开手的状态就是她的太阳小孩姿势。

把好的情绪写在太阳小孩的肚子上。

附加：保持太阳小孩良好的内心状态，在情绪好的时候，生成一个描绘这种情绪的画面。也许你会看见海、一片美丽的风景，一个游乐场，或者森林里的一座小房子。让你的太阳小孩描绘的画面尽情延展。他给你带来的礼物会让你惊喜。

请用一个关键词描述你在太阳小孩那里发现的这幅画面。

尝试每天尽可能多地转换到太阳小孩模式，这样你的大脑会同步产生联结。训练自己的神经元生成一种新的意识，就像你刚

> 学会一种新的动作那样。经过这样的训练，你的太阳小孩会越来越成为你自己的一个组成部分。通过不断重复你的思想和知觉，形成一种所谓的惯性。你可以决定自己是否需要更多地停留在阳光的一面。

从太阳小孩到旁观者视角

我们已经练习过把成年自我从阴影小孩中分离出来，用一种更加清醒、现实的视角看待自己的问题。这是当我们处在阴影小孩模式中，想要转换到成年自我模式时每一个改变的基础。通过太阳小孩，你可以迅速地调整到好心情，以一种完全不同的眼光看待世界和自己的问题。

尝试带着这种太阳小孩的感觉转换到旁观者视角。动用你所有的感官进入到太阳小孩中去，然后在太阳小孩的状态下，以旁观者视角观察你的问题（比如你在166页练习中分析过的某个问题）。或者想想尤利娅，她正因为和男友罗伯特之间的距离问题及自己的一系列问题而困恼。

从太阳小孩的视角看待尤利娅的问题，也许会很有效，她可能微笑着想："天呐。我们让这一切变得太难了。但好的一面是：我们可以停止这一切。我马上开始行动。"

你当然也可以用太阳小孩的旁观者视角感受一下你的阴影小孩。

当你心情很好，从一种友善的态度出发时，所有的问题会变得完全不一样。心情愉悦时，一切都变得没那么糟糕，烦恼会随风飘散。请从你的太阳小孩出发感受一下，你是正确和满足的，你的消极信念和你以及你的现状没有任何关系，或者仅仅和你父母的过高要求有关。也许阳光会通过你的眼睛照耀到你的阴影小孩，让他确信你一直陪在他身边。

找 到 你 的 赏 识 机 制

赏识机制是保护机制的对立面。赏识机制展示有建设性的行为方式，可以帮助我们认清和稳固亲密关系，它关系到把积极信念变成行动的具体实施过程。赏识机制回答了这个问题："我可以怎样做到更好？"

接下来我会介绍一些通用的赏识机制，它们同时适合自主性过强和过度适应他人的阴影小孩使用。然后我会介绍一些只适合过度适应他人的阴影小孩的赏识机制，帮助他们变得更独立；以及一些只适合自主性过强的阴影小孩的赏识机制，让他们学会更加关心他人，获得更多联结。

通用的赏识机制

以下赏识机制既适合过度适应他人的阴影小孩，也适合自主性过强的阴影小孩使用。

承担责任，接受现实

"是的，就是这样……"；"是的，我的阴影小孩经常觉得低人一等……"；"是的，所以我经常会感到嫉妒……"；"是的，我的母亲其实并不想要我……"如果我们无法接受现实，我们就会一直处在抵抗的状态，这种抵抗会消耗我们的精力。"接受现实"是一种态度，其根源出自佛教，近 20 年来越来越融入心理治疗的范畴内。它基于两个原则：

1. 我只能解决我认识到的问题。
2. 接受现实带来缓和，而抵抗会造成更大压力。

单单是以接受的态度看待问题，就已经解决了压力的一部分，也就解决了问题的一部分。 在承认"是的，情况就是这样"的时候，我们就得到了一次小小的解脱。这个原则适用于所有潜在的问题，也适用于琐碎的日常烦恼。

我想在此引用同事延斯·科尔森的话，他也在大力宣传这一原则。比如说他建议所有人在遇到堵车的时候，告诉自己："我已经买了辆车，也就接受了有遇上堵车的可能性。就是说：我自愿遇上堵车！"当遇到某些无法改变的情形时，承认和接受现状真的可以让人放松下来。如果对所有人和事都充满愤怒的话，会消耗人太多精力。这也是我接下来想说的一个话题：承担对你自己和你的情绪的责任。

我们都倾向于把自己的压力和其他负面情绪归咎于外部环境。脾气糟糕的伴侣老是让我心烦意乱；吵吵闹闹的孩子让我不得片刻安宁；超市里的收银员耗尽了我最后一丝耐心；天气让我烦躁，等等。如果我们对这些日常生活中的琐碎烦恼都持一种接纳的态度，承担起对自己情绪负责的态度，一切会变成什么样呢？承担责任就在你的一念之间。我们应该让自己意识到，自己所遭受的几乎每一个不幸（除了真正命运的打击之外），都是自己所做决定的后果。从这个角度出发，上面提到的问题会变成这样：1. 这个伴侣是我自己选的，我有没有可能帮助他变得更好？如果他无可救药地总是时不时乱发脾气，我还有一个选择，离开他。2. 是我自己决定要孩子的，所以我必须接受孩子有时候就是这么烦人。这也是我决定的一部分。3. 不是收银员，而是我对她以及当时情况的态度让我耐心耗尽。在我因为她感到愤怒的时候，我其实完全可以让自己想点别的。4. 下雨无法改变，但我可以决定怎样评价这种天气，怎样利用这一天。

  以接纳的态度看待这些问题，仅仅这样你就解决了一半难题。我喜欢对来访者说：一个问题既有 A 面也有 B 面。比如 A 面是：当我一个人在汽车里遇到堵车时，我感到很恐慌。B 面可能是：因为我感到恐慌，所以我现在表现很糟糕。B 面即是我对这个问题的态度。

  许多人会因为自己有某种问题而轻视贬低自己。不少情况下，B 面比 A 面更沉重，甚至会阻碍问题的解决。比如说，当事人对自己的问题难以启齿，因此不敢去寻求帮助。当你正在为问题的 A 面烦恼的时候，你可以忘掉 B 面，或者用善意的理解消除它。比如你可以想："哎呀，我可怜的阴影小孩感到很恐慌，他感觉自己没有办法独立，想要寻找妈妈的帮助。"这样，B 面会消失，或者成年自我会决定："我（你可爱的成年自我）会照顾你，让你不再感到害怕，因为我会消除你旧的童年阴影和投射！" 从而承担起对 A 面的责任。

  请试试看，以一种友好、接纳的态度看待你遇到的问题，承担起对它的责任。把你的想法记在回顾手册里。

消除投射，找到你的元认知

在 174 页，你已经做过一个练习来消除自己的阴影小孩投射。这里再重复一遍：你的那些"旧的阴影"来自你的过去，现在的你不需要再受它们束缚。如果你意识到，自己的阴影小孩非常沮丧，因为他感受到了童年时有多么无力，你必须马上揭露这种旧的投射，借助理智让他意识到，现在的你"已经长大"，可以对自己的生活做决定。这种认识需要你同所谓的元认知一起建立。

元认知类似于在更高级的认知层面上确立一个评判标准，之后就不再需要针对每个场景重新设定评判标准。如果你注意到，你的阴影小孩基本上每次情绪低落的时候都很悲观，那么你就可以站在更高的层面判断出，他正在遭遇一种认知扭曲，你的基本原则是不允许自己在这种认知扭曲的时候做决定。当下一次意识到自己在某个可怕的场景中遗失了自己，你必须马上转换到成年自我视角，让自己意识到，刚刚又是你的消极—害怕情绪出现了，它让你的大脑中出现了这种幻觉。在等待成年自我的过程中，你可以询问自己：哪些证据支持一切真的很糟糕？万一理智的证据也支持这个结论，那你就必须再问问自己：我可以幸存下来吗？或者：最糟糕的情况会是什么？

另外一个例子：当罗伯特有一次想要解释清楚，他时常感觉尤利娅想要完全占有自己，是因为他把自己母亲的形象投射到了她身上，他可以把这种认识作为一个元认知植入到头脑中去。这点也可以这么表述："你的阴影小孩认为，尤利娅想要完全占有你，就像你的妈妈总是要为你做决定那样。这些都是胡说八道，你不再是个小男孩了，你和尤利娅拥有同样的权力。你不能总像个固执的小男孩那样和他人保持距离,吵着要争取独立。尤利娅想要更多亲密和联结的需求是正当的,你可以自愿同意她的建议。"

相反,尤利娅应该形成这样的元认知:她的阴影小孩一直想要乞求认可和喜爱,但一味等待从害怕联结的罗伯特那里获得这些是徒劳的,他的阴影小孩受他过于强势的母亲影响太深了。她应该认识到,自己的价值和罗伯特的行为没有关系。她可以在更高层面认识到,如果罗伯特再次进入他的阴影小孩模式,再次毫无理由地指责她,那么她应该从内心在两人之间树起一道高墙,让他自己去解决问题。

请为你的阴影小孩投射找到一种元认知,把它写进回顾手册里。

看啊,你的生活充满了乐趣

那些思维和感觉都停留在阴影小孩中的人通常只能识别出两种状态。要么,他们觉得自己压力很大,筋疲力竭,非常累,很无聊。他们患上了缺少快乐综合征。他们的阴影小孩认为外面的世界很危险,所以对一切都持拒绝和否认的态度。他们的脑子里老是想着一些可能出现(实际上很难出现)的可怕场景,再美好的时刻也无法享受。他们的保护机制通常包含追求完美,因此他们无法停下来,简单地享受当下。只有在生病的时候,他们才允许自己休息。由于压力会让人的免疫力下降,他们中的许多人经常会生病,一生都在压力和生病中度过。

最重要的永远是:意识到问题,做出转变! 如果你一直被阴影小孩控制，你会真的相信自己想到和感受到的一切。首先，你必须认识到，你的恐惧都不是真的。163 页到 178 页的所有练习有助于你实现这一点。第二步请设定一个元认知，从而认识到，那些让你不快乐的态度是毫无意义的，它不会为你或者你的同伴带来任何好处。我的父亲已经去世很久了，他生前一直说："一个糟糕的生活对谁有好处？"我把这个问题也抛给你。请告诉自己，当你想成为一个更好的人时，你就是一个更好的人。如果你老是处在压力之下，你会变得更狭隘，更愤怒。在压力状态下，你会很难向同伴展现出善意，觉得自己的身边充斥着"傻瓜"。相反，如果你改变心态，你会发现，傻瓜一下子全都不见了。突然你会发现外面的世界充满了美好。这再一次证明了，内心状态对外在世界的投射多么强烈。所以请把追求愉快、欢乐和放松当做生活中的重要任务吧。

一起娱乐也可以促进亲密关系。有孩子的夫妻通常疲于奔命，这导致了许多困境的出现。请和你的伴侣一起想想，你们是否给了对方足够的关心，还是说你们从亲密关系中获得的快乐已经消失了？如果是后者，请思考一下你们可以做些什么来再次感受到快乐。大多数伴侣很难从亲密关系中感受到快乐，是因为他们陷入了日常生活的压力之中。他们通常会陷入权力争夺，一方指责亲密关系中的付出—获得平衡被打破是对方的责任。不少情况下是女方有这种感觉，她们承担了绝大部分家务；而她们说的通常是真的。

如果出现了这种情况，建议你们找个时间好好谈谈你们之间的付出—获得平衡，但不要马上陷入指责和诉苦之中。重点应该集中在解决问题上。你们可以怎样帮助对方减轻负担？有没有可能从外部寻求帮助，减少家务劳动和照顾孩子的压力？请在日程中安排固定时间过二人世界，或者一起做些轻松愉快的活动。请记住一件事，只有当你们在生活中追求的是快乐轻松时，你们才会成为更好的伴侣、父母、同事和同伴。最好把娱乐活动像其他事项一样安排进你的日程中。

可惜我们的大脑构造让我们总是把注意力放在消极的事情和问题上。在人类的发展史上，这一点是为了确保我们能生存下来。我们的大脑软件还没有适应现代社会的节奏。所以在思考的时候，我们不能让大脑自动运行，而是必须随时让成年自我修正它的轨迹。这意味着，当我们意识到自己又一次陷入消极情绪中的时候，我们需要告诉自己马上"停止"，把注意力集中在让自己开心起来的想法上。我遇到过哪些开心的事？我有哪些值得自豪的事？我喜欢谁？谁喜欢我？我的优点是什么？哪些是我应该感激的？这些问题和答案通常是我们的大脑不会自动想到的，在思维受阻的时候我们必须帮助它。自信的人通常太阳小孩更加活跃，他们可以很自然地做到这一点。他们成功的秘诀是可以在一次失败之后重新振作起来，他们会想到自己完成了哪些事，哪些是他们擅长做的。

"哪些是我应该感激的"这个问题应该在你的思想中占据重要位置。如果你总是把自己摆在受害者的位置，哀叹自己的不幸，你可能会丧失经营关系的能力。

事实是，**你是你自己的现实的建造者**，这一点你再注意都不为过。你应该尽量让自己消耗最少的心理精力，来获得更多的生活乐趣。这也意味着,尽管听起来很老土,你应该尽可能有意识地享受生活中各种细微的乐趣。压力大的人总是处于高负荷运转的模式,他们通常感受不到自己在吃什么,喝什么,周围有多少美好的事物等待发现。直到他们把自己耗尽了,不得不去寻求心理治疗,才通过所谓的"享乐疗法",重新学习品尝滋味,把自己的感官都重新打开。许多人总是压抑自己的愿望和需求,直到自己再也无法感受。所以请睁大眼睛,用你的全部感官接受美好的事物。也请积极地把你的家和工作场所(尽可能地)布置得美一点。环境的改变会改变你内心的情绪。

笑能带来快乐,也会在瞬间把太阳小孩带到你面前。不要等着有什么契机出现把你逗笑,而是主动去想开心的事情。比如说早高峰遇到堵车的时候不要抓狂,听听好笑的相声喜剧。在这里我想给尤利娅推荐托穆沙特的书《太阳小孩原则》。你也可以在本书里找到许多小练习,帮助你在日常生活中利用各种碎片时间获得好心情。

提升自主性的赏识机制

接下来的赏识机制针对那些过度适应他人,因此需要训练自己的自主性的阴影小孩。总的来说,你需要更多地感受你的需求,做到坚持自我。这不仅能提升你解决冲突的能力,也会加强你可以独立的信念。结果就是你会变得更加独立,不再痴迷于别人的认可和喜爱。

另一方面,在一个自主性特别强的阴影小孩背后也可能藏着一个过度适应他人的阴影小孩。这样的人认为,为了获得喜爱,他们必须满足所有期待,但这种想法让他们压力山大,因此激发出了他们的逆反心理:"我必须要做到……"这不是真正的、健康的独立自主,而是一种建立在硬要和别人保持距离的基础上的假自主性。因此对很多自主性过强的阴影小孩来说,也有必要了解这些赏识机制,来获得健康的自主性。如此,在改造亲密关系的旅程中,你会发现自己能够更好地运用自己内心划分界限的能力,不再那么决绝地断绝与外界的联系。

内心划分界限的能力意味着:觉得自己很有价值,能感知到自己,能坚持自我,能建设自己的亲密关系。接下来我会教你训练这种信念和能力。

重视自己

这条听上去特别无聊,老生常谈。尽管如此,它是真的有用。过度适应他人的阴影小孩不重视自己的需求,因为这样会妨碍他们适应他人。当他们开始重视自己的时候,他们必须时常在自己与同伴之间划分界限,但这正是他们极力避免的事。他们内心深处追求和谐的需求,阻挡了他们自我实现的道路。他们希望周围的一切都和谐美满。但这种态度经常只能带来苟安。

如果你想要变得更加自主,首先你需要下定决心彻底改变,从现在起重视你自己,你的愿望、态度、情绪、想法和目标至少要和你的同伴或伴侣一样重要。对你的愿望和需求负起责任,不要指望别人可以看出它们,这对他来说要求过高了。支持自己是你自己的责任。当每个人都对自己的愿望负责时,没有人需要解读别人的想法,大家可以开诚布公地相互交流。

睁大双眼

当你想要更多自主性时，请停止压抑自己。压抑是你想让自己和他人拉近距离时最重要的保护机制之一。你想在联结中寻求安全感，以麻痹和驱散你的阴影小孩心中的恐惧。所以你一直附和别人，无法想象自己同他们分开的样子。很可能你还没有真正同你的父母分离，哪怕他们已经去世很久了。或许你还一直在满足父母的期待。又或者你有意识地做了些不同于父母要求的事情，但内心里其实还是想获得他们的肯定和赞赏。你的父母肯定做过很多正确的事，帮助你形成了好的价值观和态度。或许你需要给自己一点时间，思考一下，哪些信念、态度和行为方式是你从父母那里学习到的。然后你可以决定哪些可以留在你身上，因为你认可它们；哪些你想要改变，因为它们不属于你。试试看，塑造完全属于你自己的想法。进入感知的第三种视角，用成年自我的角度从外部观察你的父母和你自己，找到你自己的视角。

这个练习也可以运用到其他重要的关系中。如果你很黏伴侣，但他对你并不好，请尝试描绘一幅有关他以及你们之间关系的真实图景。睁大双眼，或者换句话说：停止欺骗你自己！从第三种视角分析你的伴侣关系，假设你是这个"案例"的法官，你一定能够做到这一点。请把分析结论诚实地记录在回顾手册里。如果你是自己的教练，你会给自己哪些建议？

过度适应他人的阴影小孩通常都处于感知的第二种视角上，也就是说比起自己的需求，他们更在意周围其他人的需求。请好好练习多使用感知的第一和第三种视角。

感受你自己

当你适应他人的时候,通常你的注意力都集中在他人身上,忽略了自己。你会在人际交往中遗失自己,所以只有在没有人的时候,你才能感知到自己的存在。感知自己的存在真的很重要。你急需感受自己和他人的界限,只有这样,你才能明确自己的定位。

最简单的办法,当你想要和自己交流时,注意你的呼吸:闭上眼睛,把注意力集中在呼吸上。你不需要想着去改变或者控制它,只要感受它就行了。

请闭着眼睛做接下来的练习。开始前,请先阅读以下内容。

练习1:安抚愤怒的阴影小孩

请闭上眼睛,感受你的呼吸。回想一个你对某个人特别生气的场景。如果你有伴侣的话,最好是回想一件对方让你特别生气的事情。想象这个场景就发生在你面前,允许自己感受当时的愤怒。(如果你愿意的话,你也可以把练习的情绪换成悲伤或者其他不舒服的情绪。)把注意力向内集中,努力有意识地感受你的愤怒(悲伤、羞愧等)。通常情况下我们的情绪都是向外的,指向我们愤怒的对象,比如说伴侣。我们也总是想要通过寻思报复或者贬低他人等手段,来减轻或者消解我们对外的情绪。但现在我们是想感知自己的情绪，因此我们需要向内部进行探索。当你做这一步的时候，或许你会发现，你的愤怒根本不是由于伴侣的行为造成的，而是因为你的阴影小孩给这种行为赋予了一种消极的意义。这可能是你的阴影小孩的信念。

当你意识到这一点时，你就不再是那个愤怒的人，而是你的愤怒的研究者。这样你就从第一视角（阴影小孩控制的当事人视角）转变到了第三视角（成年自我的旁观者视角）。你会以友善甚至感同身受的姿态迎接你愤怒的阴影小孩，向他展示你的理解。然后你可以用在174页练习中学到的方法安慰他。

当你把愤怒的阴影小孩捧在手心，在内心给他留一个位置，他会感到安心，情绪就会松弛下来。当你意识到自己的愤怒有多少是因为自己的原因导致的时候，你就承担起了对这个场景以及自己情绪的责任，就可以找到有用的解决方案，知道应该如何对待相关的人。

总的来说，你需要尽快让你的呼吸赶上你的情绪。把注意力集中在呼吸上，仔细感受它在你心里引发了什么样的情绪。冥想可能是一个走近自己的好方法。此外，进一步感受身体的练习也会非常有帮助。

决定和行动

过度适应他人的人在做决定的时候非常纠结，因为他们不习惯于重视自己的想法，而这是我们变得有决断力的前提。

过度适应他人的人宁愿接受生活赐予的一切，也不愿意主动去塑造生活。其实，如果你学着感受自己，你会发现做决定变得容易了许多。然后你可以有意识地塑造你的生活和你的亲密关系。接下来的练习会帮助你找到真正适合你的决定。

练习2：利用身体感受帮助做决定

请闭上眼睛，把注意力集中在呼吸上。

1. 想象一个真实或者虚构的场景（比如你梦想中的度假），你很确定这个场景完全是你想要的，感受一下你的头脑里是什么感觉。观察一下出现这种积极支持的感觉时，你的身体有什么样的表现。可能是头皮发麻，肚子里感到一阵暖意，一次深呼吸，等等。享受一会儿这种感觉。然后慢慢地睁开眼睛，深吸一口气，再慢慢吐出来，抖抖肩，重新回到当下。

2. 再次闭上双眼，想象一个你确定自己很抗拒的场景（比如一种你完全不赞同的政治立场），感受一下你的身体相应地会做出什么样的反应。同样在这种感觉中沉浸一会儿，然后脱离出来，深呼吸，身体活动一下，比如伸伸懒腰，结束这个练习。

现在你知道了当你支持或者反对一件事的时候是什么样的感觉。所以当你下次需要做决定的时候，注意一下你的身体感觉如何：你觉得它感受到的是正面还是负面情绪？

当我们的感觉是由阴影小孩产生的时候，它会是一个很糟糕的顾问，所以我们需要消除它，这一点至关重要。但是怎样确认情绪到底是由阴影小孩产生的，还是健康、正确的？这就需要你进入旁观者视角，用成年自我来分析你的情绪里阴影小孩参与的比例有多高。我的来访者称，当他们转换到成年自我的角度时，他们可以很快做出清晰的判断，明白哪些是对的，哪些是错的；或者他们可以很好地分析他们的阴影小孩。

没有能力做决定，通常是由于长期把阴影小孩和理智混淆了。当这两种状态一直在我们的内心混在一起，我们会说类似于"我的脑子很清楚应该怎样，但是……"之类的话。也就是说，我们内心聪明的成年自我很清楚应该做些什么，但阴影小孩一直在旁边死缠烂打。所以很有必要让这两者好好沟通一下。

做出决定后，接下来就要进入行动了。下定决心而不行动，等于没有做决定。不行动，天上不会掉馅饼下来。行动受阻是决定后冲突或者惯性造成的。决定后冲突指的是，已经做出决定之后，又开始怀疑这个决定是否正确。对于被拒绝、被否定的恐惧阻碍了行动的动力。过度适应他人的人经常想要做出百分之百正确的决定，但这样的决定通常不存在。如果有百分之八十的把握，你就该行动起来了。设想一下，如果做了错误的决定，最糟糕的后果可能是什么？大多数决定其实都是可以挽回的，伴侣选择也是一样的道理。许多害怕联结的人认为他们一旦找了伴侣就再也不能分开了，这是童年时代的旧的投射，通常是因为有一个要求过高的母亲造成的。因此我一直强调，要识别出你的阴影小孩,让他放弃主导地位,把他从你内心最深处的恐惧和怀疑中解放出来。

那么惯性又是怎么回事呢?比如说,有人很清楚自己应该一周做三次运动,可他就是不去做。其实,我们生活中遇到的许多问题,早就刻在我们的基因里。我们的身体里除了有激活系统之外,还有一个节能程序,它会帮助我们恢复,帮助我们合理分配我们的精力。懒惰或者惯性与积极性一样,都是我们的天性,都会强化自我:越积极,就越能从积极性中获得更多快乐;越偷懒,就越来越有惯性。这一点和惯性的规律有关。

如果你的好的决心总是被你的懒惰拖后腿,你需要有意识地决定。比如如果你想做运动,并且想要有规律地坚持下去(元认知),你需要设定一个具体的期限。这样你才不会一次又一次地陷入困境,不得不质问是不是自己太懒了,所以才没有去跑步或者做瑜伽。

我不厌其烦地在我的所有书里提醒大家,当我们把自己的日程,包括假期内各种活动都制定明确规划,我们的各项机能就可以运转到最佳状态。比如你想让某件事成为一种习惯,那就把它排进你的日程或者周计划中去。一旦你开始做了,它成为了例行公事,想要保持这种习惯就会容易得多。如果你老是找借口拖延,那就看看你的阴影小孩和他对于被拒绝的恐惧,通常这就是你一直拖延的根本原因。

请记住,比起马上完成一件事情,拖延和取消会耗费你更多的精力和时间。你可能会把一件事情推迟一天24小时,一周七天,而完成它只需要短短的时间和少许精力。如果因为拖延,未完成的事已经在你面前堆积如山，那么请马上下定决心，每天从这个山上移走一些重担。可以是每天整理半小时信件，或者完成那些早就该打的电话。这样，这座让人窒息的"大山"看起来就没有那么可怕了。

请牢记：任何新的决定都比裹足不前要好。

讨论和举例论证

你做出的决定不一定会被你周围的环境，尤其是你的伴侣所认可，所以你必须对外维护你的决定。这对绝大部分过度适应他人的阴影小孩来说，都是一件特别恐怖的事情，因为这要求影子小孩正视自己发展自我的需求。我当然可以给你许多建议，告诉你应该怎样去贯彻自己的想法、说服他人和举例论证，但因为这本书已经给你灌输了太多东西，这里我想简单地总结一下，告诉你一个很有效并且简单易行的策略，帮助你增强坚持自我的底气。

最重要的是——生活中大多如此——你用什么样的内心态度面对反对你的人。有些人的阴影小孩总觉得低人一等，这种人特别害怕地位下滑。低级/高级—战胜/失败是他们思考问题的框架。你必须意识到这一点，把这种想法转变过来。切换到你的成年自我模式，从旁观者的视角出发，你会发现你和伴侣（或者其他反对你的人）是处于同一水平的。为你自己设定一个元认知：你们的终极目标是共同完成一件事情，而不是要争夺权力。

你也可以有意识地把你的强项和资源联结起来，从而把你的成年自我"升级"到太阳小孩的模式，这样一来，你不仅是站在你的成年自我的角度，甚至拥有了一种积极、充满力量的情绪。在你的太阳小孩模式下，你甚至可以更友好地观察反对你的人——对方肯定也有自己的考量，也有阴影小孩。

在你完成以下几个步骤之前，请先从旁观者视角观察一下，你的阴影小孩在你与对手的关系中感受到哪些压力？你是否感到比对方低人一等／高人一等？你有没有嫉妒对方？如果你对对方有误解，请问问自己：你的误解是由哪些事情引起的？这种误解会不会出自你的阴影小孩模式？

1. 思考一下哪些理由可以支持你的立场／想法，最好把它们记下来。
2. 思考你的对手可能会有哪些理由。
3. 如果你的对手理由更加充分，对方说得有道理，这个冲突就算解决了。如果没有，请说出你的观点。
4. 主动在某个交流的场景中提起这个冲突。不要让讨论漫无边际地进行，说话之前有意识地调整到你的太阳小孩模式。如果不成功的话，调整到你的成年自我模式。
5. 说出你的立场，然后认真倾听你的对手说的话。如果对方提出了一些很好的论据，让你自然被说服了，那就承认对方说得有道理。如果你不确定，那就给自己留一点思考的时间。如果你很确定自己的论据更有道理，那就坚持你的立场，或者双方各退一步。

永远记住，所有的问题，哪怕是再困难的问题，在心情好的时候去讨论也会更好，更容易解决。当你友好地表达你的立场的时候，它并不会丧失让人信服的力量。请记住，任何时刻都要给自己留一些思考的时间。越是缺乏自信的人以及内向者，在做出清晰的决定之前，越需要整理好自己的思绪。

学会说"不"

过于讨好他人的阴影小孩想要讨人喜欢，因此他们很难诚实地说"不"。当他们和他人保持距离时，由于他们的感知很脆弱，在他们的投射中，对方也感到巨大的失望。他们很容易感受到别人对自己的期望，然后尽力实现。这些人真的需要学习说一次"不"，由此他们会发现，根本不会发生什么糟糕的事情，对方通常也会表示理解。

请追溯到你的童年，寻找你很难拒绝别人的原因——这与你在父母或者其他人那里获得的经验有什么关系？尝试更准确地认识你的阴影小孩这一部分。

你需要设立这样的元认知：你有必要对伴侣和同伴更加坦诚，这可以帮助你对你的愿望和需求承担起更多责任。这样会让你的周围环境更简单。如果人们知道你的真实想法，一切会轻松得多。一味追求和谐会让亲密关系压力倍增，甚至可能摧毁它。所以请意识到并更多地承担起对自己的责任。这意味着你的伴侣可以对你少承担一些责任。这样的关系才是良性的！

接下来要做的两步是：意识和转换。进入你的太阳小孩或者成年自我的状态，从内部观察：有没有证据表明，如果你拒绝了伴侣的请求，或者想要商量改期，对方失望是正当的？你真的不必满足所有人的愿望。特别是，有轻微自恋倾向的人在遭遇拒绝的时候会很快感到失望，这种反应是你没有办法控制的。可以用你成年人的理智思考一下，对方对你的要求是不是太高了。请记住，你不必对别人的阴影小孩负责。如果你坚持了自己的想法，拒绝了对方，他因此感到受伤或者愤怒，那是他自己的问题！他需要好好同自己的阴影小孩沟通一下。你可以像罗伯特一样，经常站在自主性那一端，即使是完全合理的要求也可以拒绝。

内心非常固执的阴影小孩有时会很坚决地把自己孤立起来，或者完全无法信任，因为他和对方的期望不相符。如果你从成年自我的角度出发得出结论，你的伴侣确实是因为你伤透了心（也许不止一次），那么你需要控制一下自己的自主性过强的阴影小孩了。如果你从成年自我的角度找不到反对你拒绝的理由，那么你可以对你的拒绝负责，把它说出来。请注意：人们可以很友好地表达拒绝。一个诚实的拒绝比一个心不甘情不愿的答应对关系的塑造更有益。

重要的是，不要一直把自己封闭起来，为自己每一个小小的需求赋予重大的意义。当人们学习完自信课程后开始"重启"，只关注自己和自己的需求的时候，他们会感觉一切都很艰难。在旁观者视角，他们可以发展出区分合适的和不合适的界限的能力。从这个角度出发，他们很容易分辨出：自己是否有道理这么做？说"不"很正当，还是说答应对方的需求是更合适的选择？

回忆各种你想拒绝，最终还是答应了的场景，想想看：要是你诚实地拒绝了，最糟糕的结果会是什么样的？这个问题非常有意义，通常值得你好好思考。

  我们只能在自己想象到的范围内行动。所以有必要多训练自己想象你和他人保持距离的场景。经常训练自己说"不"也会很有帮助。也许你可以先从在不那么紧要的场合说"不"入手。比如买东西的时候拒绝想给你推销其他产品的推销员，或者是友好地拒绝在电话里一直试图向你解释的接线员。请思考一下，你可以如何在最小程度伤害对方的基础上，友好地拒绝别人。

学会放手

  对联结上瘾的阴影小孩很难做到放手。他们宁愿在一段不幸的亲密关系里受苦，也不愿意分手。他们对单身的恐惧限制了他们的自由。但有时候分手是一段糟糕的关系唯一的出路，尤其是当伴侣冥顽不化、拒绝任何反省和改变的时候。当伴侣有以下表现时，我建议分手：

- 拒绝做出让步，权力一边倒。这样的伴侣固执地坚持自己的一切。两人协商好的事情通常都不能得到落实——或者只能按照他／她的规矩来。

- 无法接受批评。这样的伴侣在面对真正的批评及其自以为的批评的时候，都表现得特别受伤。他／她需要你的完全支持，否则就会发生争吵。

- 拒绝反省和继续发展。这样的伴侣认为自己没有任何需要改进的地方，认为所有关于心理学和反省的东西都是瞎扯；或者他／她自认为是高度反省的，但事实并非如此。

- 依赖性太强。这样的伴侣把自己所有的需求都压在你身上,要求持续的关注和支持。他/她完全不独立,一定要让你一直陪在身边。
- 自主性太强。这样的伴侣有很深的联结恐惧,还没有准备好做出改变。

如果伴侣明显很糟糕,并且不愿意努力改变,这段感情只有在你牺牲自己的大部分需求,或者完全顺从于对方的独裁时才能继续下去,这样的关系是没有意义的。依赖他人的阴影小孩很容易遇到这样的危险,陷入不幸的亲密关系中。他们不承认自己的现实很悲惨,总是同情心泛滥,原谅伴侣做出的几乎一切恶果。他们完全没办法分手。

怎样才能学会放手?要知道,希望一切会变好的信念是维系破碎的亲密关系的黏合剂。亲密关系中的一方或者双方还没有放弃,希望对方可以改变,就导致了这段关系不能结束。

如果你想改变,首先,请现实一点来看待这段关系。如果你产生了不好的感觉,请进入旁观者视角,分析伴侣和你自己的表现,谁对这个糟糕的关系负有更大的责任。最好在你内心树立起一道玻璃墙,挡在两人之间,让自己从这片纷繁杂芜中抽身出来。以一个法官的姿态判断这一切,客观地面对这个问题:伴侣有多大可能性做出改变?如果你得出的结论是完全不可能,请在内心空出一个位置,好好消化这个事实。把注意力完全集中在你的呼吸以及从胸到肚子的区域,在内心默默告诉自己:"没有希望了。"在这一刻你可能会感到非常悲伤,但它也会让你有勇气去设想一个更好的未来。

接下来，尝试让这种悲伤离开你，你可以想办法转移注意力。想象如果生活里没有你的伴侣，你如何建设性地使用你的精力。在没有体验新的生活之前，要放弃现有的一切很难，你需要想办法把缺口补上。所以许多人只有在遇到新的潜在对象之后，才会从旧的亲密关系中放手。但是我并不建议你这么做，因为这样存在很大的风险：你新遇到的可能也不是最好的，你可能会再一次陷入同样的亲密关系陷阱之中。相反，我建议你把全部的精力集中在可以让自己掌控幸福的事物上。在亲密关系中你失去了控制权，那么重新获得控制权对你来说就很重要。你可以通过很多让你觉得充实幸福，或者让你获得进一步成长的活动实现这一点。现在就是改变自己的最好时刻。下面列举了一些最有可能帮助你提升生活质量的事项：

- 当你和伴侣分开的时候，也许你需要换个住处。把精力集中在装饰新家上。如果你还留恋旧的住所，那就看看是不是可以把家布置得更好。改变家里的布置，比如说换一下家具的位置。外部的改变标志着你的生活进入了一个新阶段，同时帮助你忘却旧的回忆。
- 你的工作怎么样？现在或许是你换工作或继续学业的好时机。
- 你的朋友圈怎么样？你可以趁现在加深和朋友的联系，通过网络或者加入某个组织来寻找新朋友，也可以通过老朋友结识更多有意思的人。朋友一直都很重要，这个阶段尤其如此。
- 你有哪些兴趣爱好？计划一下，进一步学习一个原来的兴趣爱好，或者开始一个新的。也许你一直想要学跳舞或者弹吉他，那么现在就是开始学习的最好时刻。

- 把注意力集中在个人的继续发展上。分析上一段感情中你不喜欢前任的哪些点，你是否也在其中产生了某些影响，最终导致了关系的破裂。认真地学习本书，让这次危机成为你个人成长的机会。

- 尽可能多地享受生活。放手去做那些让你感到开心的事情。

想象一种没有伴侣也可以非常美好的生活。所有想象得到的一切，当然都可以去落实。如果你能够想象出一种五彩缤纷的、无须现实伴侣的美好生活，你当然也可以真的这样生活。另外你也可以期待生命里新的爱情出现。如果你可以训练好自己的阴影小孩，下一次你就有可能找到真命天子／女，比之前的恋情幸福得多。但只有当你鼓足勇气做出改变，这条道路才会向你敞开。如果你害怕自己再也找不到任何人，那这种恐惧会像一个幽灵，一直萦绕在你身边，让你遇到的所有关系都以分手告终——不管对方是20岁还是70岁。相信我，情况会一直如此。

提升联结的赏识机制

特别在意自主性的人，会在自己与外界之间建造一堵坚硬的高墙，以保护自己不安的阴影小孩。在有些案例中，当事人也许只是有"自主性缺陷"，而不是"联结缺陷"，比如说他们的母亲满足了孩子一切联结需求，但同时非常严格地限制了孩子的自由。在这样的情况下，尽管当事人内心感到自己十分有价值，但一旦亲密关系进一步加深，他们旧的阴影小孩程序就会启动，把恋爱同一个过度强势的母亲联系起来。

改变最关键的一步我们已经说过了：消除旧的投射，强化你的成年自我。

减轻你的防御心理

自主性过强的阴影小孩内心积攒了大量的叛逆和愤怒。攻击性是一种自我坚持的情绪，适当发泄出来对人是有好处的。但是当愤怒通过阴影小孩投射、释放出来的时候，它是不恰当的。如果一直卡在阴影小孩的状态中，你就会把所有的情绪和想法都当成合情合理的。改变最关键的一步是——一直以来都是——认识到自己的认知是有问题的。必须了解清楚一个问题："**我在这种抗拒中有哪些认知扭曲？**"也许你已经通过之前的练习对这个问题有了充分的认识，但你可能还缺少一小块拼图。

如果你总是逃离和伴侣的亲密，或者根本就不敢开始一段亲密关系，请试着思考一下：你的这种抗拒的核心是什么？如果你能想到一个你经常抗拒的人，这个练习会更容易成功。用心感受，尝试理解你的情绪到底经历了什么。以下是一些例子：

- 我害怕被捆绑和束缚。
- 我害怕受伤和被抛弃。

- 我害怕自己弱小无力,依赖他人。
- 我想要亲密,但不管怎样亲密都会让我不舒服。

如果以上提到的几种恐惧,你有一种或者几种很熟悉,那么这是你的阴影小孩的一种投射。你的阴影小孩认为自己很失败,他必须可爱,必须乖巧懂事,必须满足伴侣的一切期望,因此放弃了自己的自由。这样一来,你自己在亲密关系中制造了束缚和无力的感觉。你的阴影小孩错误地认为,是你的伴侣或者这段感情限制了你;但其实是你的适应他人的程序在头脑里设定了限制,束缚了你自己。你的阴影小孩想要反抗这种限制,在享受短暂的亲密后开始冷落伴侣。也许你的阴影小孩特别害怕自己被抛弃,保护机制让他不惜一切代价掌握主动权,所以要和伴侣保持距离。这种对于被抛弃的恐惧和过度适应他人是一体两面:对于被抛弃的恐惧让很多人相信,他们必须顺从伴侣的意愿,他们的保护机制也正是如此。这种想法反而让他们产生了抗拒。

也许你因为童年的经历还没有学会如何对待亲密和温柔的情绪,它们让你感到难堪。出现这种感觉也是因为你被阴影小孩控制了,把童年的经验转移到了当下。或许你的父母对你一直很冷淡,你为自己的情绪感到羞愧。所以当你的伴侣想要靠近你的时候,你会把自己封闭起来。

不管你的防御心理看起来是什么样的,你可以使用感知的三种视角来消解它的投射:

练习3：三种视角减轻你的防御心

1. 回想一个场景，其中你的阴影小孩非常抗拒你的伴侣或前任。请使用感知的第一种视角，让你的阴影小孩占据主导来发言。他的恐惧是什么（比如害怕操控、过多要求、无能、羞愧）？他认为伴侣有哪些坏意图？

2. 当你向阴影小孩充分说明情况，所有的消极情绪消失之后，试着用感知的第二种视角，也就是你伴侣的视角再次思考。当你一直拒绝，把自己封闭起来的时候，对方感觉如何？最好可以看着伴侣的眼睛，真切地感受其情绪。

3. 完成上一步之后，平复情绪，再次让所有的情绪消失，进入到第三种视角，也就是旁观者视角，从成年自我的角度分析你的行为。记住你现在已经是个成年人了，和你的伴侣地位平等。你是自由的，并且有行动力，你不需要总是靠叛逆地拒绝别人来证明自己。你本来就和伴侣拥有同样的权利。请分析伴侣想要更多亲密和联结的愿望是不是合理。你也可以展现你自己的情绪，你可以和别人亲近，流露温柔。你的伴侣会喜欢这一点的。伴侣不是你的爸爸或妈妈。

如果你曾经受到创伤，和你的阴影小孩制造的投射保持距离尤为重要。创伤造成的结果是，你不相信自己的大脑，不认为自己现在很安全，不相信有可以信任的人。如果你不能和旧的经历保持距离的话，最好向心理医生寻求专业的帮助。

允许脆弱的情绪存在

自主性过强的阴影小孩不知道该如何应对脆弱的情绪，比如恐惧、羞愧、伤心或者无力。原因可能有很多种。通常，他们的父母处理这些情绪的能力也很差。他们的母亲或者父亲可能非常脆弱，对孩子的缺点和需求有过高要求，所以他们从小就被要求强大独立。或者父母中的某一方太强势或太溺爱，所以孩子总是在反抗，绝对不允许自己软弱，掉进父母的陷阱。

从积极的角度来看，自主性过强的人通常都很强大，男女都是如此。他们通常事业上都非常成功。但在亲密关系中，他们过于在意自己的独立和力量，因此经常出现问题，不能很好地和伴侣联结。想要改善这一点，他们首先需要允许自己压根不喜欢的情绪存在。

爱情既使人强大，也使人软弱。在爱里收获的支持、关照和尊重让你变得更加强大。软弱是因为爱让你允许自己依赖，容易受伤。然而如果你太在意这一点，想要一生都不受伤害，你就只能拒绝爱。否则你需要允许自己可能会受伤的想法和情绪存在，只有这样，你才有可能和另一个人联结。如今，这种对现实肯定接受的态度再度风靡社会，让人受益。

> **练习 4：接纳脆弱的情绪**
>
> 暂时闭上眼睛，把注意力全部集中在你的呼吸上，对自己说："是的，我容易受伤"；"是的，我也喜欢依赖别人"；"是的，我害怕太多亲密和联结"……请想出更多适用于你个人情况的肯定句，认真体会：当你允许这些情绪存在的时候，你自己是什么感觉？效果会慢慢显现出来，它们并没有你一直以来害怕的那么糟糕和戏剧化。

如果你只允许自己出现强势的情绪，比如愤怒或者开心，那么，即使你很强大，但你把自己主体的某一部分封锁起来了。你的人生中似乎只有自己的一半人格出席。如果你想要变得完整，请允许那些不可爱、软弱的情绪存在。你会发现，它们并不会将你打倒，或者即使有时候打倒你，也很快就会过去。没有什么情绪会持续存在。请意识到，你还被禁锢在旧投射的牢笼里。你的阴影小孩还不明白，你现在已经长大了，不再依靠爸爸妈妈了。即使你的伴侣真的要离开你，你也会恢复过来的。你现在是个成年人，早就独立了。

请再次回到感知的第三种视角，从那里分析你的现状，假设你受伤了，你应该怎样以一种成年人的姿态幸存下来？也请从这个角度想想，你的行为对伴侣造成了怎样的伤害？你通过"封锁内心"这种保护机制给伴侣造成的每一个伤害，都是你自己不愿意感受到的。请意识到这样完全不公平。请下定决心，对自己和周围的人都更温柔一点。你会惊讶地发现，人生可以变得容易许多。总是太强势、太独立会让人筋疲力竭。

学会信任

你一定已经注意到了，所有的赏识机制都是紧密相联的，彼此相通。学会信任和允许脆弱情绪存在、卸下防御心也密切相关。

没有自我相信就没有对他人的信任。只有当我相信自己可以从失败和受伤中恢复过来，我才敢信任他人。信任的前提是要预支我在他人身上做出的投资，毕竟信任的对象是不确定的，总有别人离开我、伤害我的可能。只有当我比内心中预设的这种可能性更加强大时，我才会奋不顾身地信任他人。否则如果我主观上总是感受到巨大的威胁，这段关系肯定会走向失败。如果你想要更多信任，那就多一些自信，比如多给你的太阳小孩一些空间，以消除不恰当的信念产生的旧投射。

接下来，你可以从旁观者视角出发，随时评估一下现实。你是否对伴侣或者准伴侣表现出了不信任？这可以通过一些证据很快检验出来：如果你不清楚为什么不信任对方，但是这种不信任又根深蒂固，那它一定是源自你的阴影小孩。相反，如果你的不信任客观上看有据可循，是因为你伴侣的一些动作或者行为所致，其他旁观者也可以看出来，那么你的不信任就是有道理的。但是要评估哪些是可以接受的行为，哪些真的会导致信任破裂，这个标准很难界定。因此请盯紧你的阴影小孩，尤其是当他很快伤心、怨恨的时候。想想看，也许伴侣有时候发火有道理的，说的话可能并不是出于本意。如果伴侣已经对这一次情绪失控道歉了，不要不依不饶。谅解一下伴侣的暴脾气：特别外向的人容易冲动，更容易说出不是自己本意的话。在争吵中偶尔大声嚷嚷了几句，这是人之常情，不需要一直对别人的无心之失耿耿于怀。

当你站在第三种视角分析伴侣是否值得信任的时候，请为其行为设定公平的评判标准。在我看来，有以下几条标准：

- 大多数情况下我可以相信伴侣的承诺，但是也要允许其偶尔忘记，或有些许退缩（没有百分之百的可靠）。
- 我大体上可以相信伴侣说的想要什么、不想要什么的话。
- 伴侣不会故意伤害我。但在我们发生激烈的争吵时，或者我伤害了对方（比如故意冷落）之后，伴侣也有可能伤害我。
- 我观察到伴侣在朋友面前和工作关系中也是忠诚可靠的。
- 伴侣对我很真诚，我能感受到其友好和理解。
- 伴侣很忠诚，我感到很安心（注意：对嫉妒心特别强的阴影小孩来说，这是一个陷阱）。
- 伴侣非常关心我，一直在精心维护我们的亲密关系，承担着责任。我们在付出和获取之间达成平衡。
- 我能感受到伴侣对我的爱。

如果你在客观评价之后得出结论，你的不信任是有理由的，那就找机会与伴侣谈一谈，看看是否有可能弥补你们之间的信任裂痕，你是否可以原谅对方。如果你还想和对方继续在一起，原谅是必不可少的，否则这个事件会一直伤害你们之间的关系。

如果你已经和对方谈过很多次了，但你就是无法释然（比如说你无法原谅对方的出轨行为），那么你可以评估一下，是否伴侣根本就不值得信任，你必须分手；或者他其实是可以信任的，但你的阴影小孩就是无法原谅他，因为在你严重受伤的背后还有小时候留下的伤痕尚未治愈。如果你的结论是自己必须分手，请深切关心你的阴影小孩，他可能对独自生活有很深的恐惧。如果你无法原谅对方的原因在于你的阴影小孩，你可以通过本书中的许多练习，治愈你过去遭受的种种伤害。

相反，如果你从成年自我出发，观察到许多证据支持你的伴侣值得信任，请有意识地下决心相信他。和生活中几乎所有事一样，信任是一个个人决定的问题。

练习友善和同理心

如果一个人一直在维护自己过强的自主性，那么绝大部分时间他都处于感知的第一种视角，和自己的阴影小孩保持一致。对于感知的第二种视角——同理心视角，他体验得非常少。原因在于他一直躲在自己的阴影小孩里面，很快会觉得伴侣充满了敌意，特别强势，有操纵欲，很邪恶，太黏人等。在他的阴影小孩眼里，伴侣是潜在的攻击者，所以他不可能对对方有什么好感。人类的天性如此，我们不会对敌人抱有同情，以此来捍卫我们自己的生活。我们可以理直气壮地说：当我被攻击的时候，我必须自卫！

自主性过强的阴影小孩的伴侣感觉自己处处遇冷，感到孤独和无助。前面已经说过，自主性过强的阴影小孩在处理伴侣的期望方面存在很多问题。一段亲密关系不可能没有期望。如果一个人对伴侣提出的最低期望都感到窒息的话，那他是没有能力建立亲密关系的。

练习5：用感知的三种视角练习友善

如果你感觉以上问题是在说你，请审视你的阴影小孩：当你"紧锁心门"，与伴侣保持距离的时候，哪些信念是活跃的？你过去的哪些经历可能投射到现在？

如果你想练习表现出更温柔的态度，你需要从自己的受害者思维中解放出来，意识到你和伴侣是平等的。请从感知的第三种视角出发，告诉自己，你现在已经成年了，是完全自由的。请意识到你和伴侣拥有同等的权利，因此不需要一直捍卫你的自主性。

现在请进入感知的第二种视角，感受一下当你总是把自己封闭起来，和伴侣隔离开来的时候，对方是什么感觉。你的行为让对方产生了何种感觉？请集中注意力感受这一点。

然后请集中注意力在你的太阳小孩上，用你的新的积极信念把他调动起来，在内心感受你的积极信念。你的情绪越好，越能

够向他人展现友好。请在这种轻松愉快的太阳小孩的情绪下,友善地观察你的伴侣,回答以下问题:

1. 伴侣对你怎么样?
2. 伴侣有哪些需求?
3. 伴侣的需求是合理的吗?
4. 如果你是自己的教练,未来你可以做出哪些改变,让你不要总是认可自主性太强的阴影小孩?

请把这个练习中得出的经验写在回顾手册里。

你也可以接受别人的帮助

自主性太强的阴影小孩不喜欢接受别人的帮助,因为他们的一个信念是:"我必须独立完成。"但事实并不是这样。从你的成年自我出发,希望你能够认识到,你也可以接受别人的帮助。这也意味着,你随时可以和别人产生联结。你不必孤独地坐在你的高墙后面。你也不必为了放弃自己的伪装和距离而强行表现完美。你可以原本是什么样就表现出什么样,这意味着,你可以犯错,可以有缺点,就像其他人一样。

当你需要帮助的时候,如果只是需要和好朋友聊一聊,马上去找他们吧。谈论自己的问题不是软弱的象征,而是一种有能力处理问题的体现。许多心理学研究证明,仅仅是把问题说出来就有巨大的帮助。沉默无助于解决问题。

马上找一个人，你的伴侣或者好朋友，向其敞开心扉吧。同别人讲讲你担心的事情，让你感到棘手的问题。你会发现，当你向朋友或者伴侣倾诉，向他们靠近时，他们会感到非常欣慰。你会感觉这样的谈话让你轻松不少，让你烦恼的问题变得没有那么棘手了。

从来访者的许多描述中，我发现，当他们开始尝试同伴侣对话，向对方诉说自己受到的委屈，而不是逃跑的时候，他们的联结恐惧就消失了，逃跑冲动减少了，他们感到伴侣变得更加亲切了。

你可以放松一点，相信别人，告诉自己：我可以寻求帮助！

说"好"就行了

恋爱需要做决定，而热恋是降临到你头上的——不少情况下，我们的阴影小孩及其复杂的吸引模式也参与其中。恋爱则意味着决定选择某个人，决定在积极的意义上主动和对方联结起来。另一方面这也意味着，我也可以在将来的某个时刻，出于某种原因，想要和伴侣分手。我可以自由地说"好"，也可以自由地说"不"。只有当我从内心深处感受到自己有说"不"的自由的时候，我才能真心地感受到自己愿意和对方在一起，用一种健康的方式承担起自己的责任。健康的责任指的是发自内心地喜欢对方，希望对方过得好。相反，不健康的责任指的是感觉自己对这段关系的成功担负着百分之百的责任。

我的一些害怕联结的来访者经常会怀疑，伴侣是否真的适合自己。我已经说过，对伴侣的怀疑和爱意的消失都属于疏远程序。伴侣是不是真的适合你，你可以通过旁观者视角非常清晰地看到。从这个视角出发，大多数人可以很清楚地看到，自己的怀疑到底是建立在阴影小孩之上，还是伴侣真的不适合自己。

当联结恐惧存在的时候，性冷淡也是经常会出现的一个大问题，不少情况中这都和缺乏信任有关。联结恐惧是过度适应他人的结果，会夺走亲密关系的活力和生机。请好好想一想，你如何对伴侣更加坦诚，更加信任对方？

性冷淡的另一个重要原因是不愿意满足伴侣的期待。当伴侣期待做爱的时候，性趣就突然消失了。这里当然也需要消解阴影小孩的投射。

我经常会向害怕联结的来访者建议，当他们从自己的成年自我出发，发现伴侣其实是适合自己的之后，他们可以尝试在一个月里有意识地为伴侣做决定。之后再决定，应该用什么样的态度来对待伴侣。哪怕只有一个月，许多人在经历了为伴侣做决定的过程后，对待伴侣的态度真的发生了变化，和伴侣更加亲近了。

如果你也一直有疑虑，不知道伴侣是不是你的真命天子／女，请从旁观者视角，也就是从你的成年自我出发进行观察。如果结论是正面的，说"好"就行了。当这种尝试有一个期限的时候，你会惊讶即将发生的事情。

找到自己的赏识机制

现在你可以在诸多赏识机制中挑选一些你认为同自身特别相关

的，把它们写在你的太阳小孩的脚旁边。最好把你最真实的想法记录下来。比如你可以写："我每天至少十次审视自己的内心，注意我自己的情绪。"或者："我6点下班，下班后散步一小时。"或者："我非常用心地倾听某某（伴侣的名字）说的话，非常关心他/她。"如此等等。你对自己的赏识机制描述得越详细，之后落实它的可能性就越大。

如果在阅读的过程中你又想到了什么在这里没有提到的赏识机制，你当然也可以使用它们。重要的是，要在日常生活中练习你描述的这些赏识机制。你会惊讶地发现，自己进步得非常快。

总结：八步开启良好的亲密关系

亲爱的读者，当你读到这里的时候，希望你已经从本书中了解并学到了许多有用的东西。我一直很清楚，本书要求你全身心地投入，可能会耗费你很大的精力。我自己也不倡导吃力不讨好的事情。但是我认为这本书可以帮助你自救。除了多练习，每次投入一点点之外，我看不到别的出路。我相信，如果你遇到了许多问题，那么当你掌握了解决问题的根本办法时，你就不需要什么心理治疗了。

我在心理治疗室里总是看到一些可怜人，他们想要进行心理治疗，但是预约要等很久，这让他们产生迟疑。而且，并不是每一个心理咨询师对每一个人都有效。有些人等了很长时间，和心理咨询师面对面进行了交流，但仍然没有得到正确的救助。原因一方面在于心理咨询师本身，比如没有正确地理解问题；另一方面也可能是来访者不愿意对自己的成长过程承担责任。愿意对自己和自己的阴影小孩负起责任的人不但可能在一个（好的）心理咨询师那里有进步，也可能会在（好的）指导书的帮助下有进步。

据我所知，很多读者借助我的书治愈了自己，其中有些人之前曾接受过心理咨询或者去过心理诊所，但并不奏效。我说这些不是为了炫耀，而是为了再一次给你勇气。只有你能控制好自己的阴影小孩，只有你能让自己的生命完成这种积极变化和疗愈。但是这需要一点点勤奋，为此你需要训练自己的大脑，就像只有通过练习，你才能学会一种乐器、一项运动或者一门语言。

你在本书中可能学到的最重要的一点是，**在你的头脑中构建真实**。这本书的核心是帮助你消除旧的投射，并且构建一种合理观察现实的视角。我再重复一遍：注意和转变是每一个改变的基础。一旦你注意到自己又在阴影小孩的模式下进入当事人视角中，请转换到旁观者视角，要求你的成年自我用现实的眼光看到现状。要做到这一点，你必须训练自己的太阳小孩——是的，很抱歉这里又需要练习。心理学研究表明，纪律和勤奋是一个人成功的保障。听上去很无聊，但事实就是如此。

令人欣慰的是，训练太阳小孩是一件愉快的事情，如果你用一种轻松的心态做这些练习，你会收获很多快乐。最好可以每天早上抽出几分钟唤醒你的太阳小孩：想想你的新信念、你的优点，每天练习一个你的新赏识机制。最简单的是将太阳小孩的感觉和你最喜欢的音乐联系起来。你的太阳小孩姿势和你自身的力量源泉，会帮助你迅速进入太阳小孩的模式。

总结一下：

1. 准确地理解你在童年时代留下了哪些错误印记，多年来它们是如何困扰你的生活和你的亲密关系的。描绘你的阴影小孩及其信念。

2. 认识到你的信念对你在亲密关系中的行为产生了哪些深刻的影响，找出你的保护机制。

3. 与你的旧机制、阴影小孩保持距离，通过在典型的场景中和它们制造距离，找到你内心的成年自我，从那里出发看清现实。一旦你意识到自己又进入了阴影小孩的模式，转换到你的成年自我模式！

4. 通过探索你的太阳小孩，发现你的资源。找到合适的新信念，代替你功能失调的旧信念。

5. 通过在你的情绪中"下载"你的新信念、优点和资源，感受你的太阳小孩、力量和好心情。你可以通过集中注意力呼吸，体会你的身体有什么感受来做到这一点。

6. 在你的太阳小孩的指引下进入旁观者视角，感受你原来的问题是什么样子的。

7. 找到你自己的赏识机制，每天在行动上练习它。

8. 坚持做以上练习，直到你完全改变。

现在我们一起走到了本书的结尾，希望你可以更加幸福地塑造自己的亲密关系。爱、喜欢、理解和友善是每段人类联结的精华，也是我们存在的希望。

愿你一生喜乐，做好自己。

爱你的施特菲

太阳小孩
尤利娅的例子